朱振藩 著

食家风范

九州出版社 JIUZHOUPRESS | 全国百佳图书出版单位

图书在版编目（CIP）数据

食家风范 / 朱振藩著. -- 北京 ：九州出版社，
2022.11
　　ISBN 978-7-5225-1202-0

　　Ⅰ．①食… Ⅱ．①朱… Ⅲ．①饮食－文化－中国－文
集 Ⅳ．①TS971.2-53

　　中国版本图书馆CIP数据核字(2022)第182869号

食家风范

作　　者	朱振藩　著	
策划编辑	陈文龙	
责任编辑	陈文龙	
出版发行	九州出版社	
地　　址	北京市西城区阜外大街甲 35 号（100037）	
发行电话	(010)68992190/3/5/6	
网　　址	www.jiuzhoupress.com	
印　　刷	北京盛通印刷股份有限公司	
开　　本	880 毫米 ×1230 毫米　32 开	
印　　张	6.25	
字　　数	140 千字	
版　　次	2024 年 3 月第 1 版	
印　　次	2024 年 3 月第 1 次印刷	
书　　号	ISBN 978-7-5225-1202-0	
定　　价	48.00 元	

推荐序

时潮人物，食潮文化

李台山

    在大家引颈期盼中，朱振藩老师的新书《食家风范》，终于和读者朋友们见面了！

    朱老师的新书《食家风范》固然仍是以中国各地美食、食材、烹饪、菜色美味为主题，但内容的主角，实为晚清及民国初年名食家、人文典范、思想行者、学术昆仑或狂狷名士等，此代闻人开现代中国风气之先，其顾盼风流，亦增添轶事传奇的趣味与可读性。

    我常认为那个年代（大约 1861 年至 1949 年）——从洋务运动、戊戌变法、民国建立、五四运动到抗战胜利、国共内战——是中国近代史上的一段特殊时期。中国废除科举制度，思想解放，科学、民主观念深入人心，各项学术思潮一夕爆发，出现在中华大地上，有如二千多年前的春秋时期百家争鸣，各方人才辈出，皆不凡之士。他们一生为国家民族奔走，救亡图存，往往满怀乌托邦式的激情，却在冰冷现实中，屡屡折戟沉沙。但他们仍不忘初衷，不失中国读书人的风骨，充满中华儿女的家园情怀。在朱老师的笔下，这些主宰中国近百年思想和国运的大师们在公务繁忙之余，他们私人的生活点滴和饮食情趣，恰到好处地被勾勒了出来。

例如，孙中山先生被美国《时代》杂志选为二十世纪最有影响力的亚洲人之一，他虽不追求饮食却能领先时代，一向偏好素食，而且对于饮食有其独到见解。他最爱吃的菜是"大豆芽炒猪血"和"咸鱼头煮豆腐"。中山先生认为猪血富含铁质，豆腐则有丰富的蛋白质，这两种食材都对人体甚有补益，国人积贫体弱，应多食用。

幽默大师林语堂，则是不折不扣的炎黄子孙，他不吃生菜、不吃番薯、不吃三明治，每餐必有饭和面。在林著的《中国人的饮食》一文中，他认为中国菜肴在世界一流，但西方人不愿意学习，推敲其中原因，在于当时中国的枪炮不够犀利，即被列强视为弱国的东西，洋人认为不值得学习。朱老师提及此事，常有男儿当自强之慨。

谈及被誉为"当代草圣""近代书圣"的美髯公于右任时，书中形容其字"行楷跌宕起伏，草书大气磅礴而充满狂意，且寓拙于巧，融大草、小草于一炉"，十分贴切；又说"体圆骨方、神灵如飞、笔笔遒劲，号称'于草'已成，翰墨独门一家，立足历史地位，无可动摇"。于右任迁台后，也曾笔墨应酬，题字店家。有一家山西老乡开的小油醋行，请他题写店名，此即现代扬名于全世界的"鼎泰丰"。至于于老惯食北馔，平日爱吃面食，特别爱吃有嚼劲的面，可见牙口不错，这也是健康长寿之象。正是这些看似无关痛痒的日常细琐，消弭了角色与读者间的距离，而饮食所带来的满足与记忆，更是超越时空的灵犀与认同。

跟着作者细腻的笔触，民国初年的许多名人轶事一一重现于篇章当中，一个个人事难再的故事场景得到还原。读者的思维也被引领进入彼时历史的情境里，或与大师邂逅，展开心灵对话；或是谈南北佳肴滋味，霎时口舌生津；或见其幽默而会心一笑，任由其见知去感受。朱老师毫不藏私，大方分享了这趟齿颊留香的开卷旅程，令人爱不释手，流连徘徊，一读再读。

自 序

总是要过好日子

对于中国古往今来的大食家们，我一直充满着崇敬之情与爱慕之意。继在《联合文学杂志》开"食家列传"这个专栏（注：后来结集成册，书名仍用《食家列传》，其后增删改易，名为《典藏食家》）后，另以食家为主题，在《印刻》写"过日子"这个专栏，前后近十年。今撰稿既毕，名《食家风范》，为求前后一贯，委请"印刻"出版。比较起来，《典藏食家》的年代久远，偏重史实陈述，极具参考价值；《食家风范》的时代甚近，着重生活品位，也较富文学性。

安贫乐道乃圣贤的志向，但能打打牙祭，摆上个龙门阵，品些佳肴珍馔，绝对是个美事。即使是圣贤之徒，亦在所难免。比方说，清末京城宴饮，蔚成一股风气，就算是穷京官，每个月总有一半以上的时间，花在相互酬酢宴请这档事上。发起人自然不少，其中就有谭宗浚（广东南海人，曾高中榜眼，任翰林院编修，督学四川后，充江南副考官）。他做东道主时，由于善安排、精调味，并把家乡的粤菜，巧妙融入京（鲁）味中，鲜美可口，风格独具，建立口碑，赢得"榜眼菜"之令名。

谭宗浚之子瑑青，将此发扬光大，成就"谭家菜"的伟业，誉满京华，博得"谭馔精"的美誉。

无独有偶，与谭瑑青齐名的黄敬临，同列入"民国四大食家"，其"姑姑筵"响彻云霄，光耀西南。在如此盛名下，其弟黄保临食名遂不显，他曾开餐馆"哥哥传"。时值民初，成都的燕蒸业者，有个按月轮流请客的"转转会"，保临亲炙的"粉蒸鲢鱼"，最为内行称道。其在制作时，选用好鲢鱼，断成好几块，其上喷些料酒，接着上料粉蒸，蒸好随即上桌，上面覆些芫荽，再加现舂红椒，堪称合度适口，由是赫赫有名。

时任成都市市长、本身亦是美食家的李铁夫，慕名这道好菜，特请黄老炮制。食罢的评语是："出手不凡，做法别致，格调高雅，有黄（皇）家富贵气派。"人问："请市长说细一点，怎么会有皇（黄）家气派？"李答："清淡中见辣味，单是这一手，就亏他想得出来。进过大内的厨师门中高手（注：其兄黄敬临供职光禄寺三年，主理慈禧太后食事，大受赏识，赏以四品顶戴，遂有"御厨"之称），出手不凡。你我吃了几十年的鲢鱼（酒杯粗，家常用，价甚廉，每鲢鱼头用于煨汤），请问有哪家馆子，竟能想出这个办法来？"

其言下之意，能将平凡食材，烧出独特好味，而且恰到好处，这才是真功夫。但我羡慕的则是，每月轮流一次的"转转会"，经彼此考究厨艺，吃得到极致之味。

　　　　　　　　　　　　　　　　　　　　　　食家风范

打牙祭享口福，京官热衷此道；同行不甘落后，跟着比照办理；而平民百姓们，亦会挖空心思，搞点美味受用，纠众而成宴会。其中，最为特别的，乃流行于客家地区的"平伙宴"。此一特殊的食俗，方言称之为"打平伙"，闽西人名"打斗伍"，粤东人则叫"打斗四"。说穿了，就是众生们自愿凑份聚餐的一种形式。凡朋友之间聚遇，闲暇无事，口袋尚有余钱，就吆喝朋友来，既可一饱口福，还能喝酒聊天，畅叙天南地北，增进彼此感情。

"打平伙"有如下几个特点：

其一，菜肴品种较单一，数量以参与者想吃饱、吃痛快为限，不求复杂多样，通常选吃富营养的时令牲禽。其俗谚叫"春羊、夏狗、秋鸭、冬鸡"，意即在此季节，此类牲禽当令，食之肥美可口。但如偶逢平日少见的野味上市，刺激人们食欲，一人食之过量奢侈，则会找些友人均摊，一起分享其味。

其二，一定得平均。所切的肉块，大小相当，一人一块，公平合理，要吃特别部位，务必事先声明。如果想让家人尝鲜，可另拿一碗，就自己份内，带一些回家，不得多占，除非有剩余。另，出钱亦须平均，在吃饱喝足后，立即结账付款。即使不会喝酒的，酒钱也照付不误，这是规矩。

其三，凡参加者，必须熟识，绝不勉强凑食；人数三五人不拘，视菜色多寡及数量而定，一般不超过八个人。吃时气氛融洽，席间谈笑风生，在兴之所至时，往往豁拳佐酒，直至尽欢而散。

说来也挺特别，一九八六年时，组成了第一个美食会，总共有六位成员，除了我以外，都是客家人，大家志同道合。我们有个约定，每个月吃一次，时间定在第一个周末晚上，非有要紧大事，绝对如期举行。而进行的方式，并不是"打平伙"，采轮流做东制，但消费有上限，免得引起争议。吃罢正餐之后，即前往"京兆尹"，快乐地吃点心，谈上一餐心得。如是达三年余。在这段时期内，我尝遍各种口味，增长不少见识。

其后，我在公余之暇，曾教授面相、书法、谋略等课程。常趁授课之便，到处寻访佳肴，倘能吃到美味，必欢欣而雀跃。授课的地点不一，课程的时数挺长，是以我每到一处，即先行兜圈探看，再品人多的馆子。含英咀华毕，即深烙脑海，在不断积累下，总算略有心得。另，每次结业时，必师生聚餐，由我选好地方，学生均摊饭钱，但我必携佳酿，彼此联欢而散，期待日后相会。

历经了五年多，收过不少学生，也因彼此投缘，组过数个食会，品尝许多美味。日后不再授课，其原因讲白了，只有一个，原来人生真谛，就在那餐桌上，其他夫复何求？

名史学家兼大食家的逯耀东，曾在《飘零之味》一文中指出："味分八种，辣、甜、咸、苦是主味，属正；酸、涩、腥、冲是宾味，属偏。偏不能胜正，而宾不能夺主，主菜必须以正味入之，而小菜多属偏味。所以好的酒席，应以正奇相生始，正奇相克终。"我和逯教授为忘年交，更是食友，肚大能容，惺惺相惜。其奇正之说，旨哉斯言！与我所谓的"起承转合"，实有异曲同工之妙。而其到了极处，或许是辛弃疾的"味无味处求吾乐，才不才间过此生"的"味无味处"，返归自然本源，极淡极鲜，纯取天然。因此，即使历经大风大浪，看尽人生百态，想要过个好日子，必主"淡泊清逸，近于无味"，才能自在风流，效法那些食家，留下典范篇章。是为序。

食家风范

目 录

陆文夫自得食趣

当今的饮食界，快餐风光不再，"慢食"渐成主流，可谓返璞归真。然而，"慢食"最高境界，绝非细嚼慢咽，或是悠闲享受，而是注重与饮食有关的生活情趣，一旦融入其中，再也难舍难分。

号称"上有天堂，下有苏杭"的苏州，建城超过两千五百年，钟灵毓秀，人文荟萃，得天独厚。长于斯且成于斯的陆文夫，在如此氛围的孕育下，终以一支健笔，写下苏州种种，博得"陆苏州"的美誉。而精于吃、茶（含壶）及酒的他，更因名师指点，加上体会深刻，写活其中况味，将"精致甲天下"且"美味冠天下"的苏州，写得活色生香。他不仅成为名副其实的美食家，他写的中篇小说《美食家》也被译成多国文字，名闻天下。

陆文夫，本名陆纪贵，江苏泰兴人。幼入私塾，启蒙老师秦奉泰以其名字俗气，起学名叫文夫，他便一直沿用此名。秦老师是个杂家，什么都会，既写得一手好字，也"替人家写春联、写喜幛、写庚帖、写契约，合八字，看风水，念咒画符，选黄道吉日，还会开药方"，因而"每天都有人来找他写字、看病，或者夹起个罗盘去看风水。所以常有人请他去吃饭，附近的人家有红白喜事，都把老师请去坐首席"。

有段时间，老师见他在书法上不堪造就，便教他"吟诗作对，看闲书"，陆看得"废寝忘食，津津有味"。在读罢这些章回小说后，从此"与文字结下不解之缘"。

到了二十世纪五〇年代，苏州尚无作家协会，只有一个作家小组，成员有周瘦鹃、范烟桥、程小青、滕凤章和陆文夫等六七人。这小组每周相约一次，地点就在各个酒家饭店，几年下米，几乎吃遍城内的大小饭店。当时周、范、程的名气极响，又精于饮食，菜馆的厨师听到他们来"预约"时，早在几天前就开始准备和精心筹划。有些为了满足他们的"尝尝味道"，更是铆足精神，经常变着法儿烧出名馔佳肴，只为一声好评。周喜欢边吃边谈，陆受他亲炙数年，在"口领神会"下，终于"吃出了心得"。经周引进门的陆文夫，靠着自身修为，不断身体力行，加上"神思泉涌"，美食便成了他创作上的一大资源，将"吃也是一种艺术""烹调艺术是一种艺术"诠释得鞭辟入里。他越会写吃，就越有口福，越有口福，就越将吃写得"有味"，竟把"品尝和烹调提升到哲学的高度"，成就举世独一无二的陆氏"美食哲学"。

此外，自言"兴趣很广泛"的陆文夫，"对字画、古玩、盆景、古典家什、玲珑湖石等等都有兴趣，也有一定的欣赏能力"。因此，他只要端起酒杯，便可讲出整套"酒经"；捧住个茶壶，可以大谈"茶经"与"壶经"。他之所以能如此全方位、多功能，得力自周

　　　　　　　　　　　　　　　　　食家风范

瘦鹃最多。

周乃出生于上海的苏州人，少年失怙，家境贫寒，享誉文坛后，以笔耕为生，为海派文化"蝴蝶鸳鸯派"的巨擘。当他返回故乡苏州后，购宅"紫兰小筑"，莳花弄草，醉心盆景，亦是苏派盆景大家。而特别注重日常生活情趣的他，接轨明清文人，过得自在潇洒，并把这些"先进"席设树荫之下，花前浅酌，罗列佳肴，饭罢品茗，赏花观画，然后欣赏盆景，吟诗唱和，"淘汰俗情……以见性灵"的情趣，彻彻底底融入生活之中。

想要过这种美好的日子，美味必不可少。小聚的佳肴美点，或出于家庖，或出自主持中馈的妇人之手。周的夫人范凤君无疑是个中高手。据周《紫兰小筑九日记》云："午餐肴核绝美，悉出凤君手，一为咸鱼炖鲜肉，一为竹笋片炒鸡蛋，一为肉馅鲫鱼，一为笋丁炒蚕豆，一为酱麻油拌香干马兰头，蚕豆为张锦所种，竹笋则断之竹圃中者，厥味鲜美，此行凤君偕，则食事济矣。"

自"文化大革命"事起，周苦心孤诣栽培的花木盆景，被"红卫兵"摧残殆尽。伤痛绝望之余，周乃投井自尽。而这种明清以来苏州文人的生活情趣，即成了绝唱。陆何其有幸，得其二三遗韵，暂使斯道未绝。陆文夫曾自言道："余生也晚，直到五〇年代，才有机会与周先生共席。"名为"实习"，实际上就是聚餐。

另，讲话慢条斯理，从不高声急语，边说话边思考的陆文夫，其文学作品一如讲故事般，既显从容不迫，又能娓娓道来，不但高潮迭起，时出如珠妙语，且特别耐人寻味。自发表《小巷深处》后，有人称他为"小巷作家"，他则以"生在小城里，长在小巷中，写些小人物，赚点小稿费"自况。而他自己"梦中的天地"，亦在苏州城内小巷周遭，更开启"小巷文学"的先端。一直居住苏州的他，对城内外的巷弄和草木，有着深厚的感情，因而他所写的小说、散文，大多离不开苏州。后来他又创办《苏州杂志》，专门介绍当地的历史文化。是以在一次"陆文夫作品学术研讨会"上，有人指出："世界这么大，他只写苏州……陆文夫是苏州的，苏州也是陆文夫的，陆文夫是文学上的'陆苏州'。"可谓颂扬备至。毕竟，自中唐大诗人韦应物被称作"韦苏州"以来，也唯有他足以当此殊荣。

长久在饮食上的熏陶及在自己切身的经历下，陆文夫先后完成多篇脍炙人口的散文。然而，他最受瞩目的，仍是著名的中篇小说《美食家》。这本小书之所以好看耐看，一则是因其描写了苏州的饮食风情，写尽美食家朱自治的命运变迁，再则是因其借鉴了传统话本和苏州评弹的写作手法，将他最擅长的清淡悠远文风发挥得淋漓尽致。而我认为最可贵的，乃是朱自治的一部"吃史"，几乎浓缩近半个世纪中国社会的兴衰演变。曾高高在云端之上的他，历经"文化大革命"变故，吃了不少苦头，后终有用武之地，成就食家之名，读之令人太息，纵百看亦不厌。

基本上，苏州菜肴的特色"在于能把吴中的山川毓秀、人文精华都融合在内"，从而展现了"柔和、温馨、清鲜之中带着甜味，有如吴侬软语之轻慢和甜蜜"。

且美馔之外，苏州的茶与酒，亦是天下妙品。关于茶，虎丘有"香气浓郁"的茉莉花茶，碧螺峰更产"吓煞人香"的碧螺春。老茶客在茶棚戤茶，或在茶室、茶寮边饮茶边吃茶食，这是他们日常生活的一部分。除名茶外，苏州的名酒则有在明朝曾营销半个中国的三白酒，号称"世间尤物"。于是乎苏州的酒店、酒馆、酒楼林立，且酒坊之多，亦不遑多让。前者为吃饭喝酒之所在，后者却是沽酒之店，好酒唾手可得。有此背景，酒在苏州，更甚于茶，非但"不可一日无此君"，而且用它寄情助兴，推动各式各样的文化娱乐活动。陆文夫久受此陶冶，定体会深刻。也唯有如此，才讲得出"吃喝吃喝，吃与喝是一个不可分割的整体，凡是称得上美食家的人，无一不是陆羽和杜康的徒弟的"这句堪称中国餐饮经典的名句来。如果只懂一端，不及其余，终究只是个老饕。

尽管陆氏能饮善品，但他在饮食上最大的事功，仍是在吃，吃，吃。为什么连写三个吃呢？一则他有机会吃，也吃得出"味道"；再则他的吃有见地，能针砭"食"局；三则他写得出吃的境界和格局，汪洋澎湃，滔滔不绝。

首先，"苏州人懂吃，吃得精，吃得细，四时八节不同，家常小烹也是绝不马虎的。那些街头巷尾的阿嫂，白发苍苍的老太太，其中不乏烹饪高手，都是会做几只拿手菜的"。因此，新鲜精细、丰富多彩的苏州菜肴，需要多吃常品，才能吃出个所以然来。这点陆文夫倒是际遇非常，过口的美馔无数。他有幸参加了二十世纪五〇年代初期苏州最大的一次宴会，当时名厨云集，一顿饭整整吃了四个钟头，不亦妙哉！后来苏州的特一级厨师吴涌根的儿子结婚（其子亦为名厨），父子二人特地合烧一桌菜，请他和几位老朋友聚聚。吴涌根厨艺高超，有"江南厨王"之誉，陆称他的烹饪技艺"出神入化"，"像一个食品的魔术师，能用普通的原料变幻出瑰丽的菜席"。结果这一桌菜，足足准备了好几天，不但比起当年的那一顿"毫无逊色，而且有许多创造与发展"。这两餐鲜美绝伦的好食，正是《美食家》一书中那席绝响家宴的所本，经文夫娓娓道来，绝无电影《芭比的盛宴》之铺陈和夸耀，反而是不浓不艳，读罢隽永有味，把掌勺的妙手厨娘孔碧霞写得丝丝入扣，显得张力十足。若非吃过及见识过，岂能如此举重若轻、驾轻就熟？

其次，套句"美食家"朱自治的话，懂吃"这门学问一不能靠师承，二不能靠书本，全凭多年的积累"，而且"知味和知人都是很困难的，要靠多年的经验"。正因为如此，清代大美食家袁枚即拈出所谓的"饮食之道"，就是"不可随众，尤不可务名"。欲达此一水平，得有自家主见。

早在几十年前，陆文夫已看出饮食界的沉沦端倪及一些歪风，于是针对"食"弊，既强调食材要回归自然，有机才会生鲜；也表示自从经济起飞后，宴会盛行，"巡杯把盏，杯盘狼藉，气氛热烈，每次宴会都好像有什么纪念意义，可是当你'身经百战'之后，对那些宴会的记忆，简直是一片模糊，甚至记不起到底吃了些什么东西"。餐饮界虽注意到了吃喝时的环境，但只注意到"饭店的装修、洋派、豪华、浮华，甚至庸俗"，还特别流行中菜西吃，"每道菜都换盘子，换碟子，叮叮当当，忙得不亦乐乎"，像煞看操作表演，浑不知只是"吃了不少盘子、碟子和杯子"，殊不知"名贵的菜不一定都是鲜美的，只是因其有名或价钱贵而已"。他更在《吃空气》一文道出："全国各地大搞形式主义"，以致气派当道，但在吃这方面，其量纵使不少，不过"一会儿换只盘子，一会儿来只小盅，一会儿来只小汽锅，里面仅有两块鸡"，总"觉得这些菜是一锅煮出来的高级大锅菜"。于是他反问：究竟"你是想吃气氛呢，还是想吃盘子里的东西"？以上这些切中"食"弊的论调，而今听来，不啻暮鼓晨钟，足以振聋发聩，发人深省。

末了，他写出了吃的情境。早在清人周容的《芋老人传》中便对此已着墨一二，但能发扬光大，却非陆氏莫属。关于此一境界，依照他的心得，必须要吃出"诗意"，且在吃喝时，更要重视那无形的"境界"，也唯有如此，才能使食客们一食忘情，甚至终生难忘。

有回在某小镇的饭店里，他身处那"青山、碧水、白帆、闲情"的诗意中，品享一尾只放了点葱、姜、黄酒清蒸的大鳜鱼，就着两斤仿绍酒，足足消磨三个钟头。他始终对此记忆犹新。这种"自斟自饮自开怀"的快乐时光，当然永烙心底，留下美好回忆。有人执此一端，称他为承袭江南士风、懂得生活情趣的最后传人，应是名实相副，吻合实际情形。

自从《美食家》一书爆红后，欧洲饮食水平最高的法国、意大利两国的一些美食展、美食评鉴会，为了一睹这位中国"美食家"的风采，纷纷邀他前往，陆文夫亦因此而体会了一些异国的饮食文化。相对地，法国有许多闻名的餐馆，亦知道有他这号人物（注：《美食家》这本书，光在巴黎就销售了数十万册）。有一次，他受邀到巴黎某名餐馆用餐。老板态度傲慢，席间拉开嗓门，讲解自编食谱。讲到得意之处，大谈一己经验，说吃过中国菜，觉得太过油腻，并不怎么好吃。陆本不爱在此场合发表意见，听到老板攻击中国菜，忍不住一口气讲了半个小时，博得个满堂彩。

陆文夫先问老板是在哪里吃的中国菜，老板回说是在法国。陆接着表示：在法国吃中国菜，"是走了样，变了味道的"。他更告诉法国的朋友们，中国菜的食材广，菜式齐全，一般的馆子供应上百个菜，只是小事一桩，就连街头巷尾的小馆，也能烧几十个菜色，有的还有几道拿手菜。在座的法国人大为惊诧，因为"法国大菜无非那么几道，一餐上几十个品种是不可能的"。这乃陆文夫在国外的得意事之一。还有件事，代表着他有先见之明。

原来法国有次邀他出席法国美食节，他带了几包萝卜干前往，此举在代表团内引为笑谈。结果到法国饕餮了三天，笑他的团友都喊"吃勿消"，反而到他的房里来讨些萝卜干吃。此物乃"通气、消食、解油腻之法宝"，备一份上路，保证无往不利。

此外，眼尖的读者会发现，《美食家》书中的主人公朱自冶，他在开讲时，其开宗明义，便是讲如何放盐，因为"盐把百味吊出之后，它本身就隐而不见，从来也没有人在咸淡适中的菜里吃出盐味，除非你是把盐多放了，这时候只有一种味：咸。完了，什么刀功、选料、火候，一切都是白费"！而且"这放盐也不是一成不变的，要因人、因时而变。一桌酒席摆开，开头的几只菜要偏咸，淡了就要失败。为啥，因为人们刚刚开始吃，嘴巴淡，体内需要盐。以后的一只只菜上来，就要逐步地淡下去，如果这桌酒席有四十个菜的话，那最后的一只汤，简直就不能放盐，大家一喝，照样喊鲜"。若非老于此道，所说出来的话，岂能如此精辟？

而在现实生活中，陆氏对宴席最后的那道汤菜极为重视。有一次，他在苏州"得月楼"宴请名作家冯骥才，"点的菜样样精美，尤其是最后一道汤，清中有鲜。清则爽口，以解餐中之油腥；鲜则缠舌，以存餐后之余味"。其实那道汤菜，就是苏州家常菜中的

"雪里红烧鳜鱼汤"，再加一点冬笋片和火腿片。陆只要在苏州的饭店做东或作陪，一定指名点此，凡吃过的中外宾客，无不赞美叫好。毕竟，它"虽然不像鲈鱼莼菜那么名贵，却也颇有田园和民间的风味"。

时代真的变了，经济一旦发达，人们富裕之后，老是"四体不勤"。为了适应需求，"轻糖，轻盐，不油腻，已经成了饮食中的新潮流"，即使是苏州菜，"也不那么太甜了"。处此大变局中，对于苏州菜的出路，陆文夫的两大观点非常值得重视，或可引领风骚，再造苏菜中兴。

其一是创新要"建立在丰富的经验，丰富的知识，扎实操作基本功之上"，必须使食客在口福上，"常有一种新的体验，有一种从未吃过但又似曾相识的感觉"，能在"从未吃过就是创新""似曾相识就是不离开传统"之中取得平衡。这才是正道，也是可长可久的唯一途径。

其二为开设一些有特色的小饭店。其环境不求洋化而具有民族的特点，"像过去一样，炉灶就放在店堂里，文君当垆，当众表演，老吃客可以提了要求，咸淡自便"，趁热快食，其乐融融。

这两条建议，前者要改变观念，强化厨师；后者则不再向钱看齐，培养老饕。非正本不足以清源，绝非一朝一夕之功。

现在"美食家"的定义稀松平常，各地都充斥着网络饮食的工作者们。套句作家好友詹宏志的话，他们的文章"主要的缺点是：渊源错乱，品位平庸，民粹盛行"，既"不能吃也不能读"，常令他"有不知何处下箸之感"。

美食家的考语，我认为是在"爱吃、能吃、敢吃"之外，必须

"懂吃"。如果没有遍尝千般味，比较其异同，考察其好坏，明白其源流，而是凭着直觉，信笔为之，甚至臧否优劣，这种一己之见，恐怕连参考价值都有待商榷。还是詹先生说得好，台湾的饮食界，从另一个角度来看，"正来到某种'文艺复兴'的阶段，有愈来愈多埋头寻找自然食材的达人与大厨，有愈来愈多的厨艺家想要回归'古早'，有愈来愈多的食客寻求真味、不务时髦"。似乎经过这段沉潜又再昂扬的黑暗时期后，华人圈将会出现许多陆文夫式的美食家，论述有板有眼，见解针针见血。此乃食林之幸，亦是食客之福。希望这一刻早日来到，引颈企盼之至。

周作人融味外味

常言道："吃得苦中苦，方为人上人。"尝口中苦味易，写心内苦况难，而将内心之苦，再透过文字，写活其滋味，且言之有物，方乃大手笔。放眼近世食家，得臻此一境界者，仅周作人一人而已。

周作人，浙江绍兴人。原名櫆寿（后改为奎绶），字星杓，号知堂、药堂等。鲁迅（周树人）之弟，周建人之兄。他集诗人、散文家、文学理论家、翻译家、中国民俗学开拓者、思想家等头衔于一身，且与乃兄鲁迅同为新文化运动代表人物之一。周氏昆仲从小一起就读于私塾（三味书屋），稍长，改入江南水师学堂（民国后改为海军军官学校）攻读，接着考取官费生，留学日本。两人生长背景相似，彼此感情深厚。但自"分家"以后，其运途大异，褒贬迄无定评，作品风格有别。反映在饮食上，更是如此。

就以绍兴酒而言，它盛行于明中叶，距今约五百年。当时的酒味，据《谰言长语》的记载，"入口便螫，味同烧刀"。绍兴酒自从由辛螫转为温和后，一跃而成"名士"（袁枚语），天下靡然风从。对于故乡的酒，鲁迅喜爱有加，常将此酒写入他的诗歌、杂文、小说内，慢饮小酌，以酒会友，并用酒寄其爱憎。如《自嘲》中云："运交华盖欲何求，未敢翻身已碰头。破帽遮颜过闹市，漏船载酒泛中流。横眉冷对千夫指，俯首甘为孺子牛。躲进小楼成一统，管他冬夏与春秋。"

鲁迅经常在小说内提到绍兴酒，兼及绍兴酒俗，无论是《狂人日记》《阿Q正传》《在酒楼上》，还是《孔乙己》《故乡》《祝福》等，都以酒写人写事，又以人以事写酒。这足见他对绍兴酒口有偏嗜。

在饮酒这一方面，周作人着墨甚多，包括酒器、喝法、爱好及下酒物等。他认为西洋人不懂茶趣，但对酒则有功夫，绝不亚于中国人。且所有的西洋酒中，他独钟白兰地，"葡萄酒与橙皮酒都很可口"。也喜欢日本的清酒，"只好仿佛新酒的模样，味道不很静定"。以上所举，纯为个人喜好，谈不上什么品位。倒是性喜独酌的他，黄酒、烧酒不拘，而酒量不宏，容易面临"赤化"（指酒后脸红，一说变成关夫子），但对于下酒物及酒趣等方面，他则见解精致，能说出个所以然来。

比方说，他喜食故乡的杨梅，其味"生食固佳，浸烧酒中半日，啖之亦自有风味，浸久则味在酒中，即普通所谓杨梅烧，乃是酒而非果矣"。而适合浸杨梅的烧酒，非家乡绍烧不可，若用其他的白干，则"有似燕赵勇士，力气有余而少韵致"。我有幸在香港的"杭州酒家"，两尝浸绍烧的杨梅，皆连下六七颗，其风味之佳，至今回味无穷。而那杨梅烧，亦大有滋味，吃它个三两杯，果然非比凡常。周氏此番见解，经我个人体验，益见所言不虚。

周父伯宜能饮，每碗用花生米、水果等下酒物，"且喝且谈天，至少要花费两点钟"。这对鲁迅有些影响，于作人则不然，除非真的有好酒，才会抢着喝，且大醉而回。只是饮酒之乐，他不认为是醉后的陶然境界，而是在饮的当下，"悦乐大抵在做的这一刹那，倘若说是陶然，那也当是杯在口的一刻罢"。直截了当，像是酒徒。

对绍兴儿歌里的"剜螺蛳过酒，强盗赶来勿肯走"，周氏的别解有趣，颇值一观。其云："英美人听到螺蛳田螺，便都叫作斯耐耳，中国人又赶紧译成蜗牛，以为法国有吃蜗牛的，很是可笑。其实江浙乡间这种蜗牛是常吃的，因为价贱吃的很多，剜去尾巴，加酱油蒸熟，搁点葱油，要算是一样荤菜了。假如再有一碗老酒，嘬得吱吱有味，这时高兴起来，忽然想到强盗若是看见一定也要歆羡的吧。"

他如绍兴酒四大系列中的善酿酒，基本上是一种"酒做酒"，乃半甜型黄酒的典型代表。周认为它的缺点是"甜"，"不是米酒的正宗，而是果酒和露酒了"，它的好处是好喝，而不能多喝，坏处则是醉了不好受。因此，"爱喝善酿酒的，不是真喝酒的"。他的这番见地，对奉绍兴"苦为上，酸次之，甜斯下矣"的人士而言，固然是正办，但他认为善酿酒"于推销方面不能发挥什么作用"这点，恐怕与事实不符。在他身故后不久，此酒销往日本，以鸡尾酒形式呈现，即加冰水稀释，上置一片柠檬或一颗樱桃，命名"上海宝石"，居然大受欢迎，走红东瀛列岛。由此亦可见"穷则变，变则通"乃千古不易之理。

一谈到茶，周自谦"不会喝茶，可是喜欢玩茶"，甚至将书斋命名为"苦茶庵"。且由喝茶中,"把生活当作一种艺术,微妙地美地生活",从而使之和其偏好的清雅、苦涩、稚拙、厚重有味的文学作品串联并互动起来。

周所喝过的好茶,主要有碧螺春、六安、太平猴魁和广西的横山细茶、桂平西山茶和白毛茶等名种。后三者"味道温厚,大概是沱茶一路,有点红茶的风味"。自述不喜饮北京人所喝的"香片",以为"香无可取",即使是茶味,"也有说不出的一股甜熟的味道"。这个说法,与他一贯追求的清雅、苦拙的美感大体一脉相通。所以,他所谓的喝茶,"却是在喝清茶,在赏鉴其色与香与味,意未必在止渴"。而上茶馆去,左一碗右一碗地喝了半天,好像刚从沙漠回来的样子,则最合于他喝茶的意思。

至于喝茶的态度,周作人以为"当于瓦屋纸窗之下,清泉绿茶,用素雅的陶瓷茶具,同二三人共饮,得半日之闲,可抵十年的尘梦。喝茶之后,再去继续修各人的胜业,无论为名为利,都无不可"。而这偶然的片刻优游,确已脱离实际感官的层面,再转向清雅、精神性的审美追求,也难怪他对闽、粤二地的吃"功夫茶",觉得"更有道理"。

吃酒要下酒物,饮茶也需茶食匹配,才能相得益彰。葛辛的《草堂随笔》一书中,提及"英国家庭里下午的红茶(或加糖与牛奶)与黄油面包,是一日中最大的乐事",中国人饮茶已历千百年,"未必能领略此种乐趣与实益的万分之一"。此一独家论点,周很不以为然。不过,中国的茶食,变成了"满汉饽饽"(各式各样的满、汉点心),亦为他所不取。毕竟,茶食以轻淡为尚,不应该五味杂陈。

日本式的点心，虽是豆米成品，但其"优雅的形色，朴素的味道"，周甚为推重，因它们"很合于茶食的资格"。而各色的"羊羹"，"尤有特殊的风味"。另在中式的茶食中，他认为江南茶馆的"干丝"（用豆腐干切成细丝，加姜丝、酱油，重汤炖熟，上浇麻油，出以供客）与茶最相宜，在南京那段时期，他常在下关的江天阁边饮边吃。

然而，受用这一妙品可是有讲究的，"平常'干丝'既出，大抵不即食，等到麻油再加，开水重换之后，始行举箸，最为合式，因为一到即罄，次碗继至，不遑应酬，否则麻油三浇，旋即撤去，怒形于色，未免使客不欢而散"，更重要的是，"茶意都消了"，那就无趣得很。

此外，周对饮食的考据，功力极深。像先前的"羊羹"，照日本人田恭辅氏的说法，出自唐朝时的羊肝饼。而日本人爱食的"茶渍"（用茶淘饭）所搭配的"泽庵"（一种黄土萝卜，切片来吃），则是由日本泽庵法师从中国福建传去的。他又考据茶食的出处，兼及其与小食（点心）之间的不同，同时还怀念他从小熟悉的一些南方茶食，例如糖类的酥糖、麻片糖、寸金糖，片类的云片糕、椒桃片、松仁片，软糕类的松子糕、枣子糕、蜜仁糕、橘红糕等。另有些"上品茶食"，如松仁缠、核桃缠等，他反觉得并不怎么好吃。

最后，周作人提出："我们于日用必需的东西以外，必须还有一点无用的游戏与享乐，生活才觉得有意思。我们看夕阳，看秋河，看花，听雨，闻香，喝不求解渴的酒，吃不求饱的点心，都是生活上必要的——虽然是无用的装点，而且是愈精炼愈好。"这番论调，对忙碌的现代人来说，特具意义，不啻暮鼓晨钟，颇有借鉴价值。

回归到吃这一主题，周家兄弟因禀赋及阅历上的不同，自然大有区隔，且对故乡的食物，亦执不同的观点。

对于故乡的蔬果，鲁迅在《朝花夕拾》"小引"里，便提出自家见地，说："我有一时，曾经屡次忆起儿时在故乡所吃的蔬果……都是极其鲜美可口的；都曾是使我思乡的蛊惑。后来，我在久别之后尝到了，也不过如此；惟独在记忆上，还有旧来的意味留存。它们也许要哄骗我一生，使我时时反顾。"其显然像是心中的一片云，偶尔留下它的踪迹。

比较起来，周作人总是难忘故乡的吃食，且不论那"五月杨梅三月笋"，凡是甘蔗、荸荠，水红菱、黄菱肉，青梅、黄梅，金橘、岩橘，各色桃李杏柿等，一直"有点留恋"。尤其是盐煮毛笋，其新鲜甜美的味道，乃"山人田夫所能享受之美味"，绝非刍豢之人所能理解。其次则是上不了台面的黄菱肉，感觉起来最有味。另，鲁迅对新鲜的糕饼，一向勇于尝试，日记常提及广东的玫瑰白糖伦教糕。周作人心中所系念的，则是故乡的麻糍与香糕。他曾自我调侃道："我在北京彷徨了十年，从未曾吃到好点心。"

除此之外，鲁迅吃得很广，敢品尝蛇肉、龙虱、桂花蝉等异味，也能亲操刀俎，以干贝炖火腿，蘸着胡椒吃。且在吃猴头菇后，更谓："猴头已吃过一次，味道很好，但与一般蘑菇种类颇不同，南边人简直不知道这名字。说到食的珍品，是燕窝鱼翅，其实这两种本身并无味，全靠配料，如鸡汤，笋，冰糖等。"他的美食路数，有其独特性，与其弟的谈吃，虽非南辕北辙，但亦绝少交集。

　　　　　　　　　　　　　　　　　食家风范

周作人谈吃的文章，纵使开启现代散文中谈吃的传统，但他并不专力于此。此类散文，散见在各集子里，可视为他生活艺术及民俗文化的延伸，并借由谈吃，寄托他对故乡的莼鲈之思。是以他不着意描写食物或菜肴的色香味，亦不炫耀夸谈其饮食经验，而是展现其一贯的散文风格，旁征博引、文字朴拙，于含蓄蕴藉中别有一番苦涩的风味，故有物外之旨，特别耐人寻味。

　　乡愁挥之不去，旧味杳然无迹，写来似淡实浓，精华内蕴其中，反复再三致意，令人回味不尽。周作人之于吃，其清风苦雨处，既飞扬且落寞，将他"谈吃也就是他对待生活的态度"，发挥得淋漓尽致。以下种种，可见端倪。

　　大家都知道，北京人特重烤鸭，粤、港人士则偏嗜烧鹅。后者源自明州（今浙江境内），与绍兴相邻，周作人长于斯，喜欢鹅的"粗里带有甘（并不是甜）味"，"觉得比鸡鸭还可取"，就不足为奇了。而他宁取鹅的理由，居然是"鸭虽细滑，无乃过于肠肥脑满，不甚适于野人之食"。此诚与他清高、刻苦和耐品的饮食思考一致，亦与民俗风土若合符节。唯他所喜欢的鹅肉，主要是熏鹅、糟鹅及扣鹅，而不是台湾的白煮鹅或潮州式的卤水鹅。

　　关于熏鹅，绍兴的食法为蘸酱、酒、醋吃，味道"非常的好"。而一名烧鹅的熏鹅，其在享用之时，亦有高下之分。周以为"在上坟船中为最佳，草窗竹屋次之，若在高堂之下"，反而不如吃扣鹅或糟鹅来得适宜。所持原因很简单，竟然是"殊少野趣"。果然有他那超逸独特的个性滋味。

　　周最爱吃的物事，应是被他许为天下第一的豆腐。以豆腐入馔，"顶好是炖豆腐"，这种乡下吃法，为"豆腐煮过，滗去水，入砂锅加香菰、笋、酱油、麻油久炖",透味即成,风味极佳。此一老式家庭菜,有的地方称为大豆腐。

大蒜煎豆腐亦为乡下的家常菜。先把豆腐切片油煎,"加青蒜,叶及茎都要,一并烧熟"。其滋味竟让不喜蒜头的周作人,把碗内的大蒜吃得很香,而且"屡吃不厌"。

还有一种"溜豆腐",制法是"把豆腐放入小钵头内,用竹筷六七只并作一起,用力溜之,即拿筷子急速画圈,等豆腐全化了,研盐种(或称盐奶,云是烧盐时泡沫结成)为沫加入,在锅上蒸熟"。此味"以老为佳,多蒸几回,其味更加厚",其妙在"价廉物美,往往一大碗可以吃上好几天"。他更打趣地说,"早晚有这些在桌上,正如东坡所说,亦何必要吃鸡豚也"。

除此而外,绍兴的乡下人"咬腌鱼过日子,也是一种食贫,只是因为占了海滨的光,比吃素好一点儿,但是缺少维他命……需要菜蔬来补也一下,可是恰巧这一方面又是腌菜为主"。这未免是个缺点,其唯一的救星,则是谁都吃得起的豆腐。当周作人靠笔耕为生,潦倒困顿之时,不忘自我解嘲,称:"一块咸鱼,一碗大蒜(叶)煎豆腐,不算什么好东西,却也已够好,在现今可以说是穷措大的盛馔了。"穷乏不改其乐,淡中滋味更长,自嘲意味浓厚。

豆腐再制而成的臭豆腐,周作人认为"味道颇好,可以杀饭,却又不能多吃",只要个半块,便可下一顿饭,堪称经济实惠。他还调侃地说:"乡下所制干菜,有白菜干、油菜干、倒督菜之分。外边则统称之为霉干菜,干菜本不霉而称之曰霉,(臭)豆腐事实上是霉过的而不称为霉,在乡下人听了,是有点儿别扭的。"

下饭之物,周除以上列举的,尚有"过酒下饭都是上品"的腌螺蛳青和腌蟹。前者红白鲜明，后者其貌不扬，"俨然是一只死蟹，就是拆作一胈一胈的，也还是那灰青的颜色"。由上观之，他所吃的这些，全是大众吃食，只有真识其中味的，才会一直念兹在兹。

而在扬州，扒烧整猪头可是道大菜，能堂而皇之地进入华筵中。可是在其他地方，它却是平凡至极之物，不登大雅。周作人对于此味，很是喜欢，就算"看去不雅，却是那么有味"。他小的时候，便在摊上用几个钱买猪头肉，白切薄片，置干荷叶上，微微撒点盐，空口吃不错，夹在烧饼里尤佳。他所吃过最好的一回，在个山东朋友家里。这位老兄乃清河人氏（武松的乡亲），长于作词，有次过年招饮，用红、白两种做法烧猪头，搭配白馒头吃，看起来满寒酸的，周却形容成"甘美无可比喻"，还说："那个味道，我实在忘记不了。"从平凡物事中寄真情，充分流露出他个人清高、淡泊的心理，殊堪玩味再三。

另，周氏兄弟都爱吃辣椒。鲁迅所以钟情于此，肇始于赴江南水师学堂就学时期。当零用钱将罄，无力添衣御寒，待冷锋一到，砭人肌骨，在无可奈何下，就开始吃辣椒。每当夜深人静，寒风呼啸之时，就取一枚辣椒，分段送嘴咀嚼，辣到额头冒汗，周身发暖，才睡意消减，再捧书而读。长期下来，渐习以为常，进而成为惯例，终至肠胃受损，遂成不可承受之重。

基本上，周作人爱辣，出自天生。他曾说："五味之中只有辣并非必要，可是我最喜欢的却正是辣。"还分析各种辣味，指出："生姜辣得和平，青椒（乡下称为辣茄）很凶猛，胡椒芥末往鼻子里去"。至于"辣味的代表"——青椒，"用处就大了"，用来做辣酱、辣子鸡、青椒炒肉丝，固然不错，但他"喜欢以青椒为主体的"，最称珍味而念念不忘的，则是"南京学堂时常吃的腌红青椒入麻油，以长方的侉饼蘸吃"。这种吃法，当然比其兄空口吃青椒来得有味。他甚至抱怨，北京无如此厚实的红辣椒，"想起来真真可惜也"。太息之情，跃然纸上。

"无味者使之入，有味者使之出"一语，为袁枚在《随园食单》中的至理名言。周氏引申其意，认为"有味者使之出，不过是各尽所能，还是平常，唯独无味者使之入，那便没有不好吃的菜，可以说是尽了治庖的能事了"。而这种大司务不惜工本、煞费苦心所准备的上汤，自味之素（味精）上市后，虽给予家庭主妇与旅客不少便利，但让许多大饭馆自甘堕落。因其使得"无味者使之入"不再是难事，"更不要什么作料与手段"。从此之后，中餐化万千味成一味，既失本色，当然沉沦，徒增遗憾。幸好许多有志之士，扬弃味精，努力发扬古味，致"百鲜都在一口汤"，仍在继续传承发扬，周氏地下有知，应感欣慰。

读罢《知堂谈吃》，但觉周作人所怀念的故乡吃食，即是"淡"中饶滋味，苦涩有真趣，如啜苦茗般，非深深体会，无法究其奥。尤其在清茶淡饭里，超脱现实局限，过得安贫乐道，将生活艺术化，这种审美执着，有如深谷足音，涤尽尘俗物欲，回归人类性灵。

　　　　　　　　　　　　　　　　　　　　　　　　食家风范

食经鼻祖陈梦因

关于食的定位，陈梦因倡言："食是艺术，是人生最重要的艺术；人们自开始吮奶时，就懂得食的艺术，吮奶的婴儿，换了奶头，或换了别种经常惯吃的奶粉，马上就引起反感，把奶头吐出口来。因此可以说：人们的食的艺术是与生俱来的，也就是谁都应该懂得的艺术。如果连食都不大懂得，就未免虚负此生。"

陈梦因，广东中山人，在澳门出生。因家贫父早丧，小学尚未毕业，即当排字工人，借以谋生养家。到了二十世纪三〇年代，出任新闻记者，相继任职广州与香港的《大光报》，早在抗战前，因秘访日本关东军特务头子土肥原二郎而一举成名。抗战期间，几度出生入死，成了著名的战地记者，所撰述的《绥远纪行》，与萧乾的《流民图》齐名，开战地报道文学的先河。

一九三九年时，陈氏被刚创办不久的星岛报系网罗，后任《星岛日报》总编辑。一生写作不辍，率先用"大天二"的笔名撰写

"波经"。所谓波，就是Ball，即球也。这个名为"水皮漫笔"的足球评论，虽是实时反映，也曾轰动一时，但终究无法长久，早已不复记忆。继之而起的"食经"，倒是因缘际会。一九五一年二月，陈已当总编辑，《星岛日报》娱乐版为强化内容，编辑陈良光（一说是周鼎）想到老总精好粤菜，"食在广州"之语不时挂在嘴边，乃请他以"食经"为名开个专栏。陈就教前总编辑郑郁郎，问："值不值得写下去？能不能写下去？"郑答以："食之道亦大矣哉！怎不值得写？写起来，写他三五百年也写不完。当'食经'写到完时，所有人类也宣告完了。"梦因受此激励，遂"老拙然之"，一发不可收拾，成一长寿专栏，盛誉至今不衰。

而笔名该怎么取？陈因身为总编辑，天天要看"大样"，加上曾任校对，故自嘲为"特级"的校对员，乃用"特级校对"作笔名。又为了能务实，每次动笔之前，必亲至菜市场，视察菜价民情，"长衫佬"食家的身影，构成了当年港岛中环街市的一景。

由于"食经"能贴近市民生活，获得广大读者热烈反响，询问信如雪片飞来。陈遂不断被邀请到社团和中学演讲，名酒家每遇盛事，亦邀请他当顾问。甫开台的香港电台，更不落人后，请他撰讲一系列饮食营养节目，此即"空中"饮食栏目的创始，彻底将饮食融入港民的生活之中。

陆续结集十册单行本的《食经》，绝非教人依样画葫芦的食谱可及。因为此一食经的深度及水平，远超过食谱不说，尤可贵者，它旨在讲食物和烹调的道理，书中固然有谱，但"不是在讲几匙油、几匙盐，是讲为什么要放油放盐"。他不断强调："如果有读者以为读了《食经》，跟足去做就可以弄出好菜，那你就会失望了。

我讲的是做菜的道理。"并说:"如果承认烹饪也是一种艺术,则按公式的分量,不一定会做得好菜。"毕竟,连他自己做得最烂熟的家常菜,"一不小心有时也会出了毛病,吃来并不如理想。因此做好菜之道,懂得了方法,还要多实验,一次做不好,再做第二次"。唯有如此,始能工多艺熟,熟能生巧。

诚如梦因所言,他的《食经》,"本来是写来玩玩的东西,完全没有'藏之名山,留诸后世'的念头",更自谦自己根本不是专家,"而所写的,也不过是食的一鳞半爪,谁料竟有不少'有同嗜焉'的读者"。话虽如此,但无他的登高一呼,继而群起响应,港味即使再好,档次始终有待提升。

原来二十世纪五六〇年代,香港纵贵为"东方之珠",但在粤菜的文化和水平上,远逊于根基深厚的广州。《食经》曾谈到两地的差异,如《香港不及广州》《粤菜特式》等文,再从"食在广州"汲取营养,落实于香港食界,经历半个世纪,香港突飞猛进,成为"美食天堂",陈氏推波助澜之功,实在非同小可。

《食经》不光有食材和做菜的道理,其最紧要的,还是"菜式背后的原理和故事"。之所以能如此,主因在出身记者的陈梦因,由于战时采访和宣传抗日,"大江南北无远不至,对各地饮食文化,颇有独家而有趣的故事"。加上他有浓厚的历史癖,自然熟悉广州四大酒家的名厨,他们所擅长的拿手菜及独门功夫,讲来头头是道,让人身临其境。而为人豪迈仗义,兼且交游广阔的他,不论军政闻人、名流雅士,还是贩夫走卒,他们的家厨秘方,甚至是私房食制,他都有本事探访出来,成为日后张本,难怪他写得到位,香江靡然风从,终能成其大而就其深。

特级校对不仅是食家，还是位烹饪方家，宴客每多亲自下厨。他一九六七年侨居美国旧金山湾区后，得闲常渔（钓鱼）猎，再炮制美味，邀亲友共品。他半生做报人，习惯夜间工作，每届邀宴前夕，就会通宵不寐，整晚舞刀弄铲，准备拿手好菜。到第二天清晨，整席基本烧妥，他才下班、睡觉，然后养足精神，专待宾客共尝。这种请客方式，也算别开生面。

而今的美食专栏或博客，泰半以图片取胜，鲜少文字叙述，即使有些着墨，每常不着边际，读之不知所云。诚然"在纸上谈食，比'望梅止渴'更空洞而抽象"，唯其个中奥妙，非食家或饕客，势难道出个所以然来。特级校对的《食经》，竟一写达十年，且以轻松幽默、深入浅出的手法侃侃而谈，其间既有饮食掌故、行内秘闻和饮食潮流，还以街市的时令材料教读者烧家常菜，"虽如家常话旧，说来却娓娓动听"。这等功力，誉为岭南称尊，绝非过誉之调。

饶是如此，这十集《食经》，特级校对在退休后，一直想再版。惜乎时移势异，香港的出版商对其中不少内容已成掌故，且无实用价值的《食经》，要求已异当年，即使多方接洽，皆未成功出版，让他赍志以殁。幸好得一高徒，才"山重水复疑无路，柳暗花明又一村"。

他唯一收的弟子为江献珠。江乃广州大美食家江孔殷（太史）的孙女，早年毕业于香港中文大学崇基书院，负笈留美后，获商业管理学硕士，后在加州州立圣荷西大学任教，讲授"中国饮膳计划"，并在卧龙里学院教导中国烹饪。他俩之所以结缘，竟发生在一次为张发奎将军的女儿所主持的中餐晚会上。经介绍后，江方知眼前这位声如洪钟、双目炯炯的老者，就是她心仪已久的特级校对，内心不胜之喜。又因住所相距甚近，得空便登门求教，从而受益良多，亦成一大方家。

特级校对授徒，从不亲手示范，也不注重细节，但一谈到要烧好某道菜，他则滔滔不绝，非但话题极多，同时不厌其烦，一遍一遍地讲。在他的鼓励及教导下，江正式向"食在广州"的肴馔叩关，冀望承袭先祖太公领广州食坛风骚的家风。

这席肴馔包括四热荤、汤、四大菜、甜品和两道点心，融太史第、四大酒家广告牌菜及一些美味于其中。特级校对在拟订菜单后，并未动手指导，只将它的标准，交代得一清二楚。例如"凤城蚝松"这味，刀工要求精细，不拘主从各料，切得粒粒均匀，再依照其性质，分批先后下镬（锅）；所用油要适量，碟底不能留油；连包松的生菜，片片大小一样；盛器不容马虎，应与菜馔配合。如何达到水平，江得自己摸索。如此耳提面命，江厨艺得以猛进，遂能继其衣钵。

这对师徒亲若父女，在二十年之间，不时切磋厨艺，亦常互做东道，往返中美两地。由于陈梦因主观极强，点子特多，加上刻意挑剔，江献珠乃精益求精，绝不马虎偷工，使陈无话可说。在教学相长下，好菜纷纷出炉。

自一九七九年江回港定居后，陈氏经常回港。他每次到来，一定要江特意为他烧一席菜，菜要有新款式，陪客由他选定。这对江献珠而言，真是一大挑战。另，陈在屋仑组织了一大餐会，每三月聚一次餐。陈常自订菜单，设计新的菜式，再由江操刀俎，烹成道道佳肴。如此周而复始，口福真是不浅。

此外，为人豪爽，视宴客为乐趣的陈梦因，一旦得暇，即"喜大宴亲朋，一召二三十人，必亲自下厨，从不以为苦，菜式虽非珍馐百味，但丰富而具新意"。其所组成的"大食会"，亦是每三个月餐叙一次，后"由旧金山中菜研究会会长梁祥师傅主持"，但所品享的，则是陈"每次在菜馆宴客时，叮嘱厨子照办的好菜"，全是口授。那么陈自己在烧菜时，又有哪些法宝？经江披露后，陈氏法宝始公之于世。

陈在自家冰箱的冰格内，"常备有四种镇厨之宝，一有需要，随时取用，不必临时张罗。就算到菜馆请客，亦把需用的'宝'带在身旁，着厨子照他的指示用在菜馔上"。这四宝分别是：蒸豆豉、蒸虾籽、大地鱼茸和火腿茸（注：其制法皆公布于《传统粤菜精英录》一书内，以文长，请自行参考）。蒸豆豉常用于豆豉鸡和豉汁排骨中，亦可与面豆、榄豉（乌榄角）合用，宜蒸海鲜（如沙文鱼头腩），味极鲜冶香浓。蒸虾籽用于豆类食品及瓜菜，风味顿增。大地鱼茸的用途与虾籽相若，金华火腿茸则是常用的提味和装饰品，亦是制作"孙师母面"的利器。

所谓"孙师母面"，只是一款极普通的面点。原来史学大师孙国栋在美国时，与特级校对从甚密，畅谈史事"历历如数家珍，每谈必数小时。孙夫人何冰姿，亦常在旁细听"。特级校对必备午餐款客，有次烹制一款干面，只在面条上加一撮火腿茸，极得孙夫人激赏。日后孙氏伉俪每次造访，陈氏必奉此面，其名不胫而走。

此面用山东干面煮滚过，置冰水过河，待沥干后，回镬（锅）加火腿高汤及油盐拌匀装盘即成。所添的面码，用火腿茸、大地鱼茸、虾籽，甚或是蒸软干贝，皆可，其味"各有千秋"，但火腿茸最佳，以白中缀红英，色相最美。我居家撰稿时，常吃盘面打发一顿。年方十六的女儿，即常用关庙干面如上法制作，面码则是台北孙大姐的 X.O. 酱及屈尺"二八工作室"的精炼辣酱。整个拌匀而食，白里透红，微辣极香，吸吮立尽，过瘾之至。其滋味较之于"孙师母面"，应不遑多让。

"宋公明汤"是陈从《水浒传》中宋江所饮的醒酒鱼汤衍生而出的一款鱼汤，另名"加辣点红白鱼汤"。汤中的鱼用鲫鱼，"白是豆腐，红是红辣椒，辣的味道用胡椒，酸则用酸柑以代醋"。由于宋江喝完汤后再食鱼，特级校对不尝煮过汤的鱼，而是"另加一条煎好的鱼在汤内供食"。他居住在美时，最爱饮此汤，不但家常食用，也会用于宴客。其妙处一方面固然是"用料廉宜，既酸且辣，有醒胃作用，还可以解酒"，另方面则是它本身是个有趣的话题，能增添用餐的情趣。

"炖金银蹄"是扬州的传统名菜，《红楼梦》第十六回中载此味。又，清代饮食名著《调鼎集》亦收二法，金蹄为火腿尖，银蹄则是鲜猪蹄尖或醉猪蹄尖。扬州当地俗谚并云："头伏火腿二伏鸡，三伏吃个金银蹄。"特级校对的金银肘子异于此，据称其构思来自广州的"白云猪手"。火腿肘子与新鲜的猪肘子要分别处理，食材虽然简单，但做起来极费工，"肘子既煮又冲，冲完又煮，工序奇繁"。此乃他自认的得意之作，每次烧这道菜，必不厌其烦地向宾客介绍，人不堪其扰，他不改其乐，真是有意思。

因此，"人人耳熟能详"的金银肘子，即使好吃到不行，客人仍纯欣赏，"肯如法炮制的十中无一，连酒楼的大师傅也不愿做这个菜"，自他仙去之后，恐成广陵绝响。其实，此馔最特别处，在于为"求美观，可将猪肘子出骨，中央留空，火腿肘子亦出骨，插在猪肘子中央空位成一双层肘子上碟，四周伴以青菜，淋下原汁供食"。如此则卖相甚佳，而且爽糯不腻，不愧顶级上馔。

特级校对一贯主张：有谱无经，既不可用，更不可读。对于唯一的弟子全心撰写食谱之举，大谬不然，更"赐"给光会教烹饪写食谱的女士一个不甚尊敬的外号："食谱师奶"。

然而，他后来还是破了戒，在撰《蒸肉饼与厨师考试》一文内，详述豆豉肉饼、清蒸海鲜（指黄脚鱲，喜啄食牡蛎，鱼头味尤美，乃近海鱼上品）和酥炸生蚝的用料量和做法。只是文中仍有大量讲经（道理）及食味的部分，读之颇有趣。我个人对吃来嫩、爽、甘、香、滑、松而不腻的肉饼最感兴趣，一向喜欢吃，且爱不释口。我的岳母为香港人，擅蒸咸鱼、咸蛋、梅菜等肉饼，我每食而甘之，故体会特别深。

在读完本文后，方知其中之奥妙，并了解早年广州和香港的买办和富户，他们雇用新家厨的指定菜式之一，居然就是包括多方面技术，如选料、刀章、火候等的肉饼，且从其色、香、味、时的表现，便可窥见厨师烹调的造诣和兴趣。以上种种，每每证明蒸肉饼这道最普通的家常菜，食之为用大矣哉！尤其甚者，它的副作料甚多，选什么当副作料，还会因时因地而异。这些副作料除以上列举的以外，尚有酱瓜和鱿鱼等，说其族繁不及备载，一点也不夸张。

江献珠迁回香港后，结识《饮食世界》杂志的创办人梁多玲（梁玳宁，誉陈为"食经鼻祖"）。江以经验不足，不敢贸然答应其约稿，陈梦因为她打气，每月"陪"她撰文一篇。转眼二十载过去，梦因停写多年，江则意欲封笔，陈期期以为不可，鼓励她继续写，并认为"写作乃终生之事，应存有一日写一日之心，若一停笔，脑子不独生锈，饮食生涯也就完结"。即使陈已辗转病榻，仍训诲江必须写下去。其关爱之情，溢于言表。

特级校对真的有职业病，"平素最恨人写错字，因他字迹潦草，校对不慎出错，使其极其生气"，竟停写《饮食世界》的稿。所幸内容已多，先后出版《金山食经》《鼎鼐杂碎》二书，大有功于食林。后合为一集，取名《讲食集》，由天津百花文艺出版社出版。另酒家把"裙翅"写成"群翅"，"包翅"写成"鲍翅"，让他大发牢骚。而六耳之一的石耳缺货，他更直斥爱徒，不应滥用"鼎湖上素"（注：其食材有三菇、六耳）的菜名。认真之处，简直到了吹毛求疵的地步。

发扬光大"食在广州"时代的风气与细批粤菜的前世今生，一直是特级校对心中的理想。为了提高饮食艺术，其终以垂老之年，完成《粤菜溯源录》一书。观其内容，诚如与他认识一甲子的星河所言："不只有相当高的知识性、技术性与趣味性，也为饮食业之弘扬、开拓，提供了若干可参考的继承资料"。想要精通粤菜，却未勤研本书，将如雾里看花，仅得皮毛而已。

又，《西人为什么说"吃在中国"》确实是篇绝妙好文，引言说得好，指出："中国菜的最高秘密是气味的调配，时下中菜多中看不中吃，由于割烹偏重于色与形，长此下去，西人会说'吃不在中国'。"这话切中时弊。当下去长就短，竟以"创意"是尚，好像行尸走肉，重那虚空外表，少了气味调和，真不知在吃啥。最后的结语亦好，明确表示："中餐业在外邦落地生根，并非色与形优于他国，而是看不见、摸不着的气与味的调配，使人'食而甘之'。时下中菜割烹偏重色与形，致多中看不中吃，是'吃不在中国'的讯号。"

而为说明中菜在气味的调和上，"已比西方世界先进了若干年"，他曾举二例以然其说。一是"菜肴中的气的去、留、加、减，视乎需要如何效果。云南的气锅，为了菜肴的存气而创制。福建的'炖鸡'，还置一小杯绍酒在炖器里鸡的上面，加盖后再用沙纸密封，然后炖若干时间。广东菜的'清炖北菇'，也是先把沙纸密封已放置作料的炖器，全因重视菜肴的气的效果"。其二则是"炸鸡、焗鸡、烧鸡等，很多美国人会做"，但他们肯花高价吃中国菜馆做的饲料鸡，只为能"去腥、膮，鲜味且较好，功夫在一个腌字或芡字"。明乎此，西人说吃在中国，"也不是完全无根据的"。

幸好皇天不负苦心人，特级校对念兹在兹想要整套重印的十小册《食经》（注：白门秋生云："最合理想的烹饪读物。"），终于在二〇〇七年由香港的商务印书馆分成《平常真味》《不时不食》《烹小鲜如治大国》《南北风味》和《厨心独运》这五册，一次出齐，总书名仍是《食经》。而天津的百花文艺出版社亦在我的大力推荐及促成下，分成上下两巨册出版。他如地下有知，当可含笑九泉。

总之，毕生致力于推广饮食文化的陈梦因，坚持品味至上，绝不哗众取宠，兼且化凡材为珍馐，所言皆有至理存焉。"典型在夙昔"，"古道照颜色"，陈梦因所留予后人的，是真正的食"经"，而非装点的食"谱"。这些在其书中已全部和盘托出，就待阁下领会参悟了。

食家风范

汪曾祺品吃格隽

中国人好吃，尤其是有些"文人爱吃，会吃，吃得很精；不但会吃，而且善于谈吃"。同时作家中亦不乏烹饪高手，即使卷袖入厨，亦可嗟咄立办，"颜色饶有画意，滋味别出酸咸"。放眼当代文坛，既会舞文弄墨，也会舞刀弄铲，深谙其中奥妙，又讲得出个所以然的翘楚，恐非汪曾祺莫属。

汪曾祺，江苏高邮人。他出身自一个亦农亦医的士绅世家，从小就接受良好的教育，打下深厚的旧学功底。祖父是清朝末科的拔贡，有过功名，开过药店，当过眼科大夫。父亲汪菊生，字淡如，多才多艺，熟读经史子集，通晓琴棋书画，亦爱花鸟鱼虫，不但是个擅长单杠的体操运动员，还是一名足球健将，也是个孩子王。汪氏在气质、修养和情趣上，继承其父衣钵；而审美意识的形成，则与他从小看父亲作画有关，耳濡目染，受益甚深。基本上，他不仅成长在一个无忧无虑的家庭里，且有一个天真烂漫、幸福快乐的金色童年。这与他日后以故乡为背景，完成一连串感人肺腑的作品息息相关，甚至他的小说和散文的风格，都可以从他的童年生活中找到线索。

身为典型的中国文人，汪氏的诗书画号称三绝。作为优秀的作家，他小说、散文、诗歌、戏剧（包括戏曲）等多种文体的创作皆能。数量谈不上惊人，却篇篇犹似珠玑，可使人玩味无穷。尤其他首创的以散文、随笔的手法写出的小说，在疏放中透出凝重，于平淡中显现奇崛，虚实相生，情景交融，神韵灵动淡远，风致清逸秀异，流露诗情画意，寻根味道浓厚，引起广大反响。

汪氏的书画，底子深厚，他亦以此自娱娱人。在书法方面，奠基于《圭峰禅师碑》《多宝塔碑》及《张猛龙碑》。他亦爱读帖，喜欢晋人小楷及北宋四家（苏轼、黄庭坚、米芾、蔡京或蔡襄），并得其笔意。是以他的字，笔触疏朗清淡，望似随意而为，却能心手俱到，纸墨相应而生，沉浸玩味其中，可以宠辱全忘。我初见其书法，与《韭花帖》相近，后读他的《韭菜花》一文，才知道他很喜欢五代杨凝式的字，尤其是《韭花帖》，足见心意相通。

而在画这方面，他未正式学过，谦称"只是自己瞎抹，无师法"，要说有，就是徐青藤、陈白阳和石涛。同时，他"作画不写生，只是凭印象画"，并以"草花随目见，鱼鸟略似真"自况。其实，他的写意画，就是中国独有的文人画。作画者学养深厚，常有神来之笔。因此，它充满随意性，不能过事经营，画得太过理智。汪自言其作画"大体上有一点构思，便信笔涂抹，墨色浓淡，并非预想"，而且"画中国画的快乐也在此"。他曾倩人刻了两方闲章，刻的是陶弘景的两句诗："岭上多白云"，"只可自怡悦"。

由此亦可看出他的性情旷达与闲情逸致的一面。

尽管汪氏在书、画两者皆是业余的，但其不事斧凿、浑朴自然的笔风，观之使人动容。这种别样才情，足使其列名家之林。

作为一种艺术风格，汪曾祺的小说和散文尤受人青睐和惊艳，其专业的程度，更在书、画之上，为文可见其人。其人打趣写道："文章秋水芙蓉，处世和蔼可亲，无意雕言琢句，有益世道人心。"短短的四句话，已概括其平生。

汪曾祺的小说，早期以《鸡鸭名家》为代表，被誉为已达炉火纯青之境。到了花甲之年，厚积薄发，佳作不断，六十岁发表的《受戒》，轰动一时；六十一岁刊登的《大淖记事》，传咏四方。此二篇章，竟溢着"中国味儿"，非但开创了"八〇年代中国小说新格局"，进而造就了铺天盖地的文学大潮，使他历来主张的短篇小说应有散文成分的理念得到认同，并打破了小说、散文和诗歌的界限，有如荷花露珠，令人耳目一新。他既承袭乃师沈从文的风格，重擎"京派小说"的大纛；又以自己人生坎坷的际遇，另注入平淡冲和、诗情画意的审美观，使这种新鲜感，益发赏心悦目，完全与众不同，得到文坛的普遍赞誉。

比较起来，我更爱汪氏的散文。他受到明代古文家归有光的影响极深。归擅长以清新的文笔写平常的人事，亲切而凄婉，好似话家常。其文章结构的"随处曲折"，更让汪体会深刻，提出"苦心经营的随便"。而在语言的运用上，汪则主张："对于生活的态度，于字里行间自自然然地流出，即注意语言对于主题的暗示性。"于是乎有人说他的散文，"一方面追求生活语言的色、香、味、活、鲜，令人感到清新自然，另一方面讲究文学语言的绝、妙、精、洁、雅，令人读来韵味悠长"。

汪氏的散文作品，描写得最成功的，首在饮食，其次是游记。且游记中所言及的饮食，亦占一定比例，最足一再玩味。

高邮位于京杭大运河的下面，是个水乡泽国，极富水产。据汪曾祺的描述："鱼之类，乡人所重者为鳊、白、季（季花鱼即鳜鱼）。虾有青、白两种。青虾宜炒虾仁，呛虾（活虾酒醉生吃）则用白虾。小鱼小虾，比青菜便宜，是小户人家佐餐的恩物。小鱼有名'罗汉狗子''猫杀子'者很好吃。高邮湖蟹甚佳，以作醉蟹，尤美。高邮的大麻鸭是名种……大麻鸭很能生蛋。腌制后即为著名的'高邮咸蛋'。高邮鸭蛋双黄者甚多。"寥寥数语，已勾勒出他的故乡美味。而在其他的美食篇章里，鳜鱼、呛虾、醉蟹、咸鸭蛋等都成了主要的描述对象，平中显奇，淡中有味。剧作家沙叶新评价他的作品为"字里行间有书香味，有江南的泥土芳香"。这虽不足以尽其美食文字之妙，但虽不中亦不远矣。毕竟，汪氏所写的饮食，包罗万有，有大地中寻出的源头活水，更有切身的体会，还有饱览群籍的学养在内。

大体说来，汪曾祺之于吃，有三样基本功，样样精彩，人皆难及。那就是写吃、说吃与烧菜。这三者皆可分别呈现，也可融合于无形，刀（注：笔亦为刀）火功深，令人心仪。

就写吃而言，汪氏以故乡、云南、北京、边疆等地为主轴，兼谈一些古典，如《宋朝人的吃喝》等，宜古宜今外，又通贯今古，像是在闲聊，在不经意间流露出淡雅而博学的文化气息，让我百读不厌。其名篇如《四方食事》《五味》《故乡的食物》《故乡的野菜》《昆明的吃食（菜）》《菌小谱》《家常酒菜》《食豆饮水斋闲笔》

等，篇篇脍炙人口，使人展卷即难释手，进入审美境界。

汪氏的吃，取径既广，也勇于尝试。他曾自负地说："我是个有毛的不吃掸子，有腿的不吃板凳，大荤不吃死人，小荤不吃苍蝇的。"还说自己"夸口什么都吃"。当他去北京时，老同学请他吃了烤鸭、烤肉、涮羊肉，便问："敢不敢吃豆汁儿？"这可激起他的斗志，说："有什么不敢？"两人到了家小吃店，老同学要来两碗，并警告说："喝不了，就别喝。很多人喝一口就吐了。"汪端起了碗，几口就喝光。老同学忙问："怎么样？"他则说："再来一碗。"短短几句，豪情毕露，好不痛快。

不过，他的敢吃，起先仍有盲点。像香菜和苦瓜，他就不动筷子，也挨了两次捉弄，后来却全吃了。日后心有所感，还写下了"一个人口味要宽一点、杂一点，'南甜北咸东辣西酸'，都去尝尝。对食物如此，对文化也应该这样"的至理名言。此外，他又从苦瓜中产生联想，希望老作家们口味杂些，不应偏食，"不要对自己没有看过的作品轻易地否定、排斥"；对于一个作品，也可以见仁见智，"可以探索其哲学意蕴，也可以踪迹其美学追求"。这种开阔的胸襟和精辟的见解，深值吾人佩服。

若说汪氏在饮食上的缺憾，就是在江阴读书两年，"竟未吃过河豚，至今引为憾事"。至于他的最爱，则是自认"天下第一美味"的醉蟹和存其本味的呛虾。在爱屋及乌下，宁波凡是用高粱酒醉过的梭子蟹、黄泥螺、蚶子、蛏鼻等，他都很喜欢。倒是有样东西，他即使很"敢吃"，也招架不住，那就是贵州的"者耳根"（又名"折耳根"，即鱼腥草）。对于它的苦，汪倒可以消受，只是碰上那强烈的生鱼腥味，实在没法忍受了。

看汪曾祺写的"吃"特别过瘾，像"臭豆腐就贴饼子，熬一锅虾米皮白菜汤，好饭！""扦瓜皮极脆，嚼之有声，诸味均透，仍有瓜香"等，前者直抒性情，后者描绘传神，都很耐人寻味。尤使人期待的，似此如珠妙语，书中比比皆是，一旦沉浸玩味，上手必难放下。

总之，素有美食家之称的汪曾祺，他每到一处，不食会议餐，而是走小弄，去偏巷寻宝，品尝那地方风味和民间小食，陶醉其间，自得其乐。他也深知饮食的个中三昧，用生花妙笔点染，提升其意涵与境界，让人津津乐道。

另，从说吃观之，汪亦非比寻常。作家洪烛指出：有幸与"汪曾祺吃饭，在座的宾客都把他视若一部毛边纸印刷的木刻菜谱，听其用不紧不慢的江浙腔调讲解每一道名菜的做法与典故，这比听他讲小说的做法还要有意思"。可见汪氏，说起"吃"来，即可深中肯綮，紧紧扣人心弦。而香港作家张守仁，则道出他这方面的实证功力。原来他们在云南采风的旅途上，凡用餐时，汪坐哪一桌，张和凌力、陆星儿、黄蓓佳等女作家就挨哪一桌，都想挤坐在汪旁边，见汪举筷夹什么菜，他们即依样画葫芦，准能吃到真正美味。而且，汪的味蕾绝佳，能品尝出各种酒菜之香气和味道间极细微的差别，并说出其关键所在。因此，同行的作家们对他产生莫名的"个人崇拜"。结果，饭桌上常出现有的菜被一扫而光，有的菜却乏人问津的情景。对此，服务人员常感纳闷，搞不清楚到底是怎么回事。

最后要谈的是汪曾祺的烧菜本事及其如何乐在其中。

二十世纪五〇年代时，北京艺文界公认最会烧菜的，乃汪的死党林斤澜。其以烧制温州菜"敲鱼"闻名，家里吃的菜的品种也多种多样。照汪另一挚友邓友梅的说法，汪家此时"桌上经常只有一荤一素。喝酒再外加一盘花生米"。那时期，汪曾祺常做的拿手菜，就是"煮干丝"和"酱豆腐肉"。

等到"文化大革命"后期，汪的烹调手艺大有长进。有次他们三个人小叙，汪已独当一面，"冷热荤菜竟摆满一桌子。鸡粽、鳗鱼，酿豆腐，涨蛋，肘子……虽说不上山珍海味，却也都非平常口味"。从此之后，汪更上层楼，成为《中国烹饪杂志》的特约撰稿人，邀稿之约不断。

汪虽然会做冰糖肘子、腐乳肉、腌火笃鲜、水煮牛肉、干煸牛肉丝、冬笋雪里红炒鸡丝、清蒸轻盐黄花鱼、川冬菜炒碎肉这些菜，只是"大家都会做，也都是那个做法"。所以，这些对他而言，没啥稀奇。反而他自以为绝活的，则是以下四种。

一是干丝。这道淮扬菜，以刀工著称。由于北方无大白豆腐干，汪乃以豆腐片代替，但须选色白、质紧、片薄者，切成极细丝，用凉水拔二三次，去其盐卤味和豆腥气。其吃法有拌和煮两种。汪以煮见长，"上汤（鸡汤或骨头汤）加火腿丝、鸡丝、冬菇丝、虾籽"等同熬，接着"下干丝，加盐，略加酱油，使微有色，煮两三开"。临吃之际，多加点姜丝，即可上桌供食。美籍华裔作家聂华苓有次在汪府用餐，吃到开心时，竟"最后连汤汁都端起来喝了"。其诱人处，由此即可见其一斑了。

二是烧小萝卜。品尝这道菜，还得运气好。因为"北京的小水萝卜一年里只有几天最好。早几天，萝卜没长好，少水分，发艮，且有辣味，不甜；过了这几天，又长过了，糠"。此萝卜不可去皮，斜切成薄片，再切为细丝，而且愈细愈好。再加点糖略腌，即可装盘。在享用之前，浇上三合油（酱油、醋、香油），如拌以海蜇皮丝，益妙。台湾作家陈怡真拜访汪府，指名要汪做菜，汪烧了几个菜。此时正值小萝卜最好的时候，他乃变个法儿，用干贝烧制，陈氏吃了，赞不绝口。

三是拌荠菜、菠菜。将荠菜焯熟，"切碎，香干切米粒大，与荠菜同拌，在盘中用手抟成宝塔状。塔顶放泡好的海米，上堆姜米、蒜米"，另将好酱油、醋和香油放在茶杯内，待"荠菜上桌后，浇在顶上"，末了把荠菜推倒，整个拌匀，即可下筷。此乃佐酒妙品。此菜亦可以菠菜入替，亦甚佳美，"清馋酒客，不妨一试"。可惜北京的荠菜不香，汪乃在几位作家中推广拌菠菜，居然"凡试做者，无不成功"。汪氏此举，可谓造福饕客，功在食林。

四是塞肉回锅油条。把油条的两股拆开，切成寸半长的小段，用手指将内层掏出空隙，再装入拌好的猪肉（肥瘦各半）馅，馅中加盐、葱花、姜末，亦可添榨菜末、酱瓜末或冬菜末等，下油锅重炸，俟肉馅已熟，即捞出装盘。回锅油条极酥脆，嚼声或可惊动十里人。而这道菜，任何食谱不载，乃汪本人首创。他曾自得地说："这是我的发明，可以申请专利。"

诚如汪曾祺的儿子汪朗所言：汪"写东西很随意，吃饭却讲究，除了书画，有空就琢磨'吃吃喝喝'的事儿"。眼尖的读者应可发现，汪的前三道菜，都是"粗料细做"的家常菜，没有闲情逸致，加上专注有恒，根本做不来的。

此外，汪朗忆及林斤澜和邓友梅常结伴到汪家"蹭"饭吃，每逢此日，汪必一早起来准备，"冰糖肘子、红烧鲫鱼……一直忙活到晚上。酒摆上来，冷碟过后，必然是一大盆煮干丝"，最后则是每人一碗扬州炒饭，内容相当丰盛。

对于家常酒菜，汪曾祺也悟出来一番道理："家常酒菜，一要有点新意，二要省钱，三要省事。偶有客来，酒渴思饮。主人卷袖下厨，一面切葱姜，调佐料，一面仍可陪客人聊天，显得从容不迫，若无其事，方有意思。如果主人手忙脚乱，客人坐立不安，这酒还喝个什么劲！"若非老于此道，岂能如此悠哉，进而举重若轻？汪不愧调鼎好手。

汪曾谓："做菜的乐趣第一是买菜，我做菜都是自己去买的。……我不爱逛商店，爱逛菜市。看看那些碧绿生青、新鲜水灵的瓜菜，令人感到生之喜悦。"唯有亲自选料，才能尽物之用，烧出得意之作。而他尚有一大乐趣，就是看着家人或客人吃得高兴，"盘盘见底"。对此，他还借题发挥，自我调侃地说："愿意做菜给别人吃的人是比较不自私的"。

至于怎样提升烧菜水平，汪认为："做菜要有想象力，爱捉摸，如苏东坡所说，'忽出新意'……"基于此点，他的看法倒很直接，说："民以食为天，食以味为先。名厨必须有丰富的想象力，不能墨守成规，要不断创新，做出新菜来。照着菜谱做菜，不会有出息。特级厨师应有特等独创性，应有绝招、绝活。"凡具备基本功夫，且不断试验淬炼者，加上灵犀一点，便可高人一等，光辉照耀食林。

有趣的是，而今所谓的"汪氏家宴"，居然与（秦）少游宴、（郑）板桥宴、梅兰（芳）宴，合称"扬州四大名人宴"。综观这席汪氏家宴中，有冷菜七碟、热菜六品、汤菜一种，另有其他菜看二十种，全是汪曾祺在文章中提及，再结合高邮当地菜肴所制成的。其搞得沸沸扬扬，只为观光实益。而汪的小孙女从小跟在爷爷旁边，看了这个菜单，不禁问道："里面那么多菜，我怎么都没见过？"说穿了，"所谓饮食文化，不过就是拿着文化卖饮食"。汪曾祺生前曾劝人口味要"宽一点、杂一点"，没想到打他旗号的"家宴"，却是个杂牌军，什么都来一下。他若地下有知，不知作何感想。

讲句老实话，汪氏的美食文章，虽平淡无奇，颇类似菜谱，却能处处流露出人间的至情至性，让人无限向往。这些文字"从平淡中见出奇妙之味，从大俗中体会儒雅之风"，甚至"品前人未能鉴别之味，发后人趋其之口"。作家丁帆亦指出："从中，我们品尝到了江南的文化氛围，品尝到了那清新的野趣，品尝到了诗画一般的人文景观，品尝到了人类对美的执着追求中的欢愉。"接连四个"品尝"，好像回味无穷，却未道出个所以然来，还不如说他具备"士大夫的趣味，平民的情怀"来得真切有味，"看似寻常却奇崛"。

汪曾祺除了好吃外，好烟、好茶兼且好酒。烟和茶皆有佳文传世，唯独那杯中物，竟无只字片语。邓友梅曾说："曾祺嗜酒，但不酗酒。四十余年共饮，没见他喝醉过。……从没有过失态。"或许他也因此少了点劲儿，无法"斗酒诗百篇"，实乃酒国憾事，亦是文坛憾事。

梁实秋文士雅吃

《礼记·学记》在论及"进学之道"时，曾指出："善待问者如撞钟，叩之以小者则小鸣，叩之以大者则大鸣，待其从容，然后尽其声。"以上这些话，用来比喻读《雅舍谈吃》最贴切不过。率性而读，见其轻松活泼生动，可以增添生活乐趣；精心研究，也能周知饮食风尚，充分理解食的文化；如果置诸案右，从容不迫读之，自可含英咀华，享那典雅之味，以及味外之味，进而得其真味，然后尽食之妙。

梁实秋，本名梁治华，以字行，一度以秋郎、子佳为笔名。毕生致力于文学，所涉领域极宽广，除任教大学外，亦曾翻译《莎士比亚全集》，主编《远东英汉辞典》。作品中最脍炙人口的，则为《雅舍小品》和晚年的力作《雅舍谈吃》，不仅在文坛上领风骚，更在食林里树一帜，高雅之中透隽永，自成一迷人风格。

梁氏文笔简洁，充满着节奏感。此得力于他在清华学校时的业师徐镜澄。徐告诉梁说："文章，尤其是散文，千万要懂得割爱。自己喜欢的句子，也要舍得割爱。"而梁的文章，每次交上去，常有三四千字，徐则大笔一挥，只剩四百余字。一旦老师将文章发下来，梁就会重抄一遍，在阅读后感觉"干净、简洁有力，而且文字有生气、有力量"。经此淬炼，梁受益独多，文字精练，绝不堆砌。

此外，梁实秋的作品妙在"善于融会"，既有"中国文言小说的典雅，复有英国散文随笔的闲逸，又兼美国报刊散文的诙谐幽默"。他的小品文中，文言、白话并存，方言、俚语互用。是以在小小篇幅内，错落有致，活泼多样，读来倍感亲切，耐人寻味，可说是百读不厌。

散文评论家郑明娳对梁实秋《雅舍小品》的文字特点总结道："（梁）惯常使用类叠修韵法，不论是字词运用，或是隔离的类叠都非常多。这些类叠的字词又参入对偶及排比的句型中，从这些句行里，我们可以再发现一个特色，就是极善运用短词制造节奏感，短词中，以四字词的使用率最高。"说明梁文在大量四字词的运用下，搭配其他长短句，非但令文句的形式有变化，且结合类叠、排比与对偶的修辞技巧，自然表现出其特有的节奏感。郑并对梁文的说理方式给予高度肯定，指出：梁实秋"善于把道理从反面或侧面、高处或底处切入，再衬出正题，把道理折来叠去，诡谲而富有情趣"。如此则行文齐头并进又相互呼应，更增添文章跳跃的动感。

以上所言，纯就技法来探讨。然而，《雅舍小品》最令我动容的，反而是对人性的描写和自家的态度。他描绘人生百态，写活社会世相，对生活周遭的事物，皆深入观察思考。他能随遇而安，将生活当作艺术，充分享受着人生。

《雅舍小品》固然精彩绝伦，但我个人最爱的，仍是梁氏谈吃的文章。早在《雅舍谈吃》结集前，他已写了一些有关吃的散文，文字生动幽默，内容蕴含哲理，明达通透，读后回味无穷。像《馋》《吃》和《吃相》这几篇，堪称其中翘楚，品读之后，余味不尽。

一聊到馋，梁实秋见解不凡，认为它"着重在食物的质，最需要满足的是品味"，因而"上天生人，在他嘴里安放一条舌，舌上还有无数的味蕾，教人焉得不馋"。且基于此一生理的要求，"也可以发展出近于艺术的趣味"。

况且"人为了口腹之欲，不惜多方奔走以膏馋吻，所谓'为了一张嘴，跑断两条腿'"，因此，"真正的馋人，为了吃，决不懒"。而人最馋的时候，则是"在想吃一样东西，而又不可得的那一段期间"。中国人特别馋，北平人尤其如此，但从未听说有人馋死，或为了馋而倾家荡产的。究其因，应是"好吃的东西都有个季节"，只要逢时按节享受，绝对会因"自然调节而不逾矩"。

比方说，北平人讲究"开春吃春饼，随后黄花鱼上市，紧接着大头鱼也来了，恰巧这时候后院花椒树发芽，正好掐下来烹鱼。鱼季过后，青蛤当令。紫藤花开，吃藤萝饼；玫瑰花开，吃玫瑰饼；还有枣泥大花糕。到了夏季，'老鸡头才上河哟'，紧接着是菱角、莲蓬、藕、豌豆糕、驴打滚、艾窝窝，一起出现。席上常见水晶肘，坊间唱卖烧羊肉，这时候嫩黄瓜、新蒜头应时而至。秋风一起，先闻到糖炒栗子的气味，然后就是炮烤涮羊肉，还有七尖八团的大螃蟹。'老婆老婆你别馋，过了腊八就是年。'过年前后，食物的丰盛就不必细说了"。短短的一段话，形象而传神。

梁以为"馋非罪，反而是胃口好、健康的现象，比食而不知其味要好得多"。其论述之精辟，确为如椽巨笔。

一提到吃，梁氏见地精辟，指出讲究的吃，"其中有艺术，又有科学，要天才，还要经验，尽毕生之力恐怕未必能尽其妙"。而且中国人讲究吃，"是世界第一"。可是最善于吃的，不是富豪等级，却是破落旗人。从前这些旗人，生活在北京城，"坐享钱粮，整天闲着，便在吃上用功，现在（指二十世纪二三〇年代）旗人虽多中落，而吃风尚未尽泯"，即使只有"四个铜板的肉，两个铜板的油"，也能"设法调度，吃出一个道理来"。

再说"单讲究吃得精，不算本事"，中国人肚量特大，"一桌酒席，可以连上一二十道菜，甜的、咸的、酸的、辣的，吃在肚里，五味调和"。且不吃到"头部发沉，步履维艰"的程度，"便算是没有吃饱"。虽然有反讽意味，所言似吻合实情，放诸当下仍皆准。

至于"吃相"，梁实秋讲得更是透彻，从东西方饮食文化、器皿和方式各异写起，涵盖用餐习惯、礼仪之别，最后归结到人生的态度，是篇绝妙好文。文中提到用餐的当儿，"在环境许可的时候，是不妨稍为放肆一点。吃饭而能充分享受，没有什么太多礼法的约束，细嚼慢咽，或风卷残云，均无不可，吃的时候怡然自得，吃完之后抹抹嘴鼓腹而游"，像这样的乐事，才有适意可言。他并举出二例，一在北京"灶温"，一在青岛寓所，望见一些劳动阶层们痛快淋漓地吃，不禁心有所感，乃以"他们都是自食其力的人，心里坦荡荡的，饥来吃饭，取其充腹，管什么吃相！"作结，信手拈来，流露人道精神，比起那些矫揉造作，或是矫枉过正的礼教规范，不啻暮鼓晨钟，足发吾人深省。毕竟，人生在世，何必太拘。

梁实秋的家世，虽非望族豪门，也是诗礼传家，书香门第。而他的成长背景，使他注定要成为食家。父亲在北平开设著名餐馆"厚德福"，母亲擅长烹调，加上自己嘴馋，有特殊的际遇，因而吃遍大江南北。梁晚年思乡情切，怀念以往种种，除写下《"疲马恋旧秣，羁禽思故栖"》和《谈〈中国吃〉》等绝妙好文外，更在一些报纸——如《联合报》——的副刊上，撰写谈吃的文字，文章一经刊出，即轰动海内外，后来结集成册，即为《雅舍谈吃》。

梁母为杭州人，烧菜精细，刀火功高，本身"爱吃火腿、香蕈、蚶子、蛏干、笋尖、山核桃之类的所谓南货"，梁文提到的核桃酪、鱼丸和粥等，都是她拿手的。据梁实秋的叙述，因为家中有厨子，所以她不下厨房，只有经梁父要求，并采买鱼鲜笋蕈之类回家，才会"亲操刀砧"，即便如此，"做出来的菜硬是不同"。这种妈妈的味道，深烙他脑海。当他十四岁入清华学校就读时，每周只准回家一次，除去途中往返，在家能从容就食的，仅有午餐一顿。梁母知其所好，特备一道美味，即炒"一大盘肉丝韭黄加冬笋木耳丝，临起锅前加一大勺花雕酒"。而这"菜的香，母的爱"，竟令年逾古稀的梁实秋，一旦回忆起来，仍"不禁涎欲滴而泪欲垂"。寥寥几句，道尽母爱，可谓生花妙笔，读罢令人感同身受。

而整日待在书房里摩挲金石小学书籍的梁父，或许是因为体质关系，"对于饮膳非常注意，尤嗜冷饮，酸梅汤要冰镇得透心凉，山里红汤微带冰碴儿，酸枣汤、樱桃水……都要冰得入口打哆嗦"。因而他另在北平闹区东四牌楼开设干果子铺，贩售玻璃球做塞子的小瓶汽水和蜜饯、桃脯之类。梁实秋年幼时，其父常带着他们几个娃儿逛夜市，会溜达到那里小憩。当时能"仰着脖子对着瓶口汩汩而饮"的汽水、切条的蜜饯，在他小小的心灵中，可是一大享受哩！

再回头谈谈梁家的产业"厚德福"吧！它从烟馆摇身一变为饭庄后，由老掌柜陈莲堂主理，其拿手菜细数不尽。梁文一再提到的有瓦块鱼、核桃腰、铁锅蛋、炒鱿鱼卷、生炒鳝鱼丝、风干鸡等。其实，店内的名菜尚有两做鱼、红烧淡菜、黄猴天梯、酥鱼、罗汉豆腐、酥海带等，道道脍炙人口，食客趋之若鹜。善于经营的陈莲堂除培养一批徒弟，使"各有所长，例如梁西臣善使旺油，最受他的器重"，另扶持有绝活的厨子以雄厚资金，"向国内各处展开，沈阳、长春、黑龙江、西安、青岛、上海、香港、昆明、重庆、北碚等处分号次第成立"，不但将原本的灶上名菜发扬光大，还以制作北平烧鸭著名，实为食林一大盛事。

1949年后，假"厚德福"为名的餐馆甚多。梁实秋有次登某家之门，点了核桃腰一味，结果是一盘炸腰花，再拌上一些炸核桃仁，"一软一脆，颇不调和"。这和原制的"腰子切成长方形的小块，要相当厚，表面上纵横划纹，下油锅炸，火候必须适当，油要热而不沸，炸到变黄，取出蘸花椒盐吃，不软不硬，咀嚼中有异感"，且"吃起来有核桃滋味或有吃核桃的感觉"，完全是两码子事。他忍不住问老板："你知道我是谁吗？"老板答以不识。梁乃说："既不认识我，为何用我家的招牌，菜又烧得大异其趣。"

老板连忙道歉，情愿免费请客，再请他指点指点。梁实秋笑而不答。日后忆及此事，撰《核桃腰》一文，比较治腰花南北之异同，并谓曾到郑彦棻府中吃饭，其家厨"所制腰花，做得出神入化，至善至美，一饭至今而不能忘"。其信手拈来，举重若轻，竟成绝妙好文。

多年前，新北市新店区的中正路上，曾开了家历史甚久的"厚德福"，附近则有两家北方小馆，分别是"得月楼"和"桦泰面食馆"。我以上班的地点距此不远，常在附近觅食，一再光顾这三家。后来"得月楼"歇业，"桦泰"也搬迁了，只剩"厚德福"支撑。其手艺还不错，价钱亦廉宜，独食共酌均佳，可惜最后仍是关张。本以为从此不见踪影，不料居然在高雄市发现一家，据说也是老字号，原欲一探究竟。然观其菜名，乃南北合；而在灶上的，为一年轻人，于是打退堂鼓，不免扼腕而叹。附记于此，只为让诸君更了解梁家渊源之深而已。

梁实秋真是好口福。父亲常带他去北平的名餐馆用餐，如"正阳楼"（擅长烹蟹及烤肉）、"东兴楼"（善烧芙蓉鸡片、拌鸭掌、爆肚仁、乌鱼钱、锅烧鸡、糟蒸鸭肝、韭菜篓等鲁味）、"居顺和"（即"砂锅居"，以白煮肉、红白血肠、双皮、鹿尾、管挺等闻名），等等。而他自个儿或与友朋酬酢的所在，则有"致美楼"（拿手者为过桥饼、拌豆腐、炸馄饨、砂锅鱼翅、芝麻酱拌海参丝、萝卜丝饼）、"福全馆"（烧鸭）、"玉华台"（主治水晶虾饼、核桃酪、汤包等看点）、"信远斋"（名品有冰镇酸梅汤、糖葫芦等）、"便宜坊"（以烧鸭、炸丸子等品扬名）、"中兴茶楼"（经营咖喱鸡、牛扒与奶油栗子粉等）、南京"北万全"（其清蒸火腿，取火腿最精部分，块块矗立盘中，纯由花雕蒸至熟透，"味之鲜美，无与伦比"）、重庆"留春坞"（其叉烤云腿，大厚片烤熟夹面包，"丰腴适口"）、青岛"顺兴楼"（高汤氽西施舌）、杭州"楼外楼"（西湖醋溜鱼）等。至于他所喜欢的食物，则有象拔蚌（一名蛤王）、菜包、豆汁儿、狮子头、佛琴尼亚火腿、糖炒栗子、奶酪，以及来台湾后才享受到的佛跳墙、木樨鱼翅（一称桂花炒翅）等等。以上这些美味，一一融入《雅舍谈吃》之内，或追忆，或夹叙，或穿插滋味及友朋，或考证，甚至还有具体做法。而该书亦用字浅显，典雅隽永，情景交融，堪称炉火纯青之作。这等生花妙笔，诚为当代第一把手，既前无古人，恐怕亦难有来者，以"山登绝顶我为峰"誉之，应非溢美之词。

然而，口福与手艺，并不画上等号。梁老虽尝遍各式各样的味道，但论烹调一途，他自承是"天桥的把式——净说不练"。次女文蔷更形容道："爸爸在厨房，百无一用。但是吃饺子的时候，爸爸就会抛笔挥杖（擀面杖），下厨助阵。爸爸自认是擀皮专家。饺皮要'中心稍厚，边缘稍薄'。这项原则，妈妈完全同意。但是厚薄程度，从未同意过。为此，每次均起勃溪。"执此观之，"下厨是玩票"的梁实秋，在他女儿的眼中，当然只是位"美食理论家"，而她的妈妈才是个练家子，是真正的"入厨好手"。

梁妻程季淑在抗战胜利后，返平定居期间，在女青年会学会烹调，"擅长做面食，举凡切面、饺子、薄饼、发面饼、包子、葱油饼，以至'片儿汤''拨鱼儿'都是拿手"，且她的"和面、发面全是艺术"。除此而外，也能烧无数好菜。另，据梁文蔷在《评〈雅舍谈吃〉》一文披露："我们的家庭生活乐趣。很大一部分是

'吃'。妈妈一生的心血劳力也多半花在'吃'上。……我们饭后，坐在客厅，喝茶闲聊，话题多半是'吃'。先说当天的菜肴，有何得失。再谈改进之道。继而抱怨菜场货色不全。然后怀念故都的道地做法如何。最后浩叹一声，陷于绵绵的一缕乡思。"因此，这对夫妇能"琴瑟和鸣，十分融洽"，自在情理之中。

他们谈吃，"引为乐事，以馋自豪"，梁更认为"馋表示身体健康，生命力强"。为了研究解馋之道，他不惜工本，讲究"色、香、味、声"四大原则。为此，梁实秋"半生放恣口腹之欲"，以致"壮年患糖尿、胆石"之症。幸好自律甚严的他，能"从善如流。对运动、戒烟、酒及营养学原理全盘接受"，且厨房的操作，慢慢变成奉行"新、速、实、简"式的营养保健，似有扭转往年"油大"之态势。

就在一切都朝健康方向发展时，程季淑仙逝，实秋另娶韩菁清续弦。其虽已"改弦换辙"，但仍旧"走回头路"，食指频动，天天有好汤喝。原来每晚临睡前，菁清都会用电锅炖一锅上好鸡汤，或添牛尾、蹄髈、排骨、牛筋、牛腩，再加些白菜、冬菇、开洋、包心菜、鞭尖笋之类。为的只是让梁老第二天的清晨和中午，"都有香浓可口的佳肴"。这锅汤使梁老齿颊留香，舌吐清芬。难怪两人恩爱非常，晚景无限美好。

事实上，梁实秋所写的吃，尚不止已出版的部分，其中未发表的，大部分在写给幼女文蔷的家书内。文蔷居美三十年，梁、程二人在致女儿的家书中，"不厌其详地报告宴客菜单，席间趣闻"，并对她时时指点烹调之术。若把这些"写吃"的段落聚集起来，应比《雅舍谈吃》还厚得多，深盼日后可以付梓，让有兴趣者一窥全豹。又，梁实秋晚年赴欧时，在写给韩菁清的信里，仍不忘附记饮食，曾特将偶然发现的法王路易十四餐单珍而重之，附于信末。此餐单如下：一、山鸡全只；二、草菇酿松鸡；三、生菜色拉；四、红酒羊肉；五、火腿二片；六、水果及甜点。信中对路易十四好吃亦享高寿，更有所着墨。恐怕他的内心深处，还在为自己的嘴馋寻找合理的解释。毕竟，在比附"先贤"后，才能有样学样。

《随园食单》和《雅舍谈吃》这两部小书，都是我置诸案右的食书。二者皆精妙绝伦，饶富兴味，得空拜读，真快事也。《雅舍谈吃》更因旁征博引，内蕴丰富，能从绚烂归于平淡，文采灿然，谐趣横生，信笔挥洒，无不佳妙，一再得我的关注。我只盼"物我交融，愉悦陶然"，兼得高人风致。

唐振常吃出文化

孔老夫子曾说:"君子不器。"意谓君子不能像器皿一样,只能充单一用途。曾几何时,世人重视专业人士,通才不再吃香。但一触及文化,得有深厚根柢,才能左右逢源,进而一以贯之,成就一家之言。被称为"三界人物"的唐振常,学问博大精深,纵横新闻、史学、文艺三者,且都成绩非凡,尤其在历史方面,通透精辟,更有"史海寻渡一通才"之誉。其实,先生之于饮食,不以食家自命,但修辞立其诚,谈及饮食文化,每每一针见血,辛辣深刻。

唐振常,四川成都人,出身大户人家,先随西席受业,再入大成中学。由幼年而少年,从家馆到学校,皆学传统文化,记诵《论语》《孟子》《左传》《史记》,亦读《资治通鉴》,文史根基扎实,写作能力超强。他日后能旁征博引,倚马千言,腹笥极广,信手拈来,成为一位"多产作家",实与少年苦读有关。

一九四二年夏天，振常考上设于成都的燕京大学，一共学习五年，以外文、新闻为主，历史、中文为辅。当时燕大名师如云，西式校风开放，他悠游其中，如鱼得水，如蜂采蜜，"从张琴南习新闻学，从吴宓习西洋文学史，从李芳桂习语文学，眼界大开"，亦曾"选修陈寅恪先生的历史课，受益终身"。此外，他在学习之余，由于多才活跃，主编校报《燕京新闻》，大力宣扬民主、反对独裁，日后名闻遐迩，即以此为发端。

大学毕业后，他先到上海《大公报》工作，前后凡七年。接着做五年电影工作，编过多部剧本，其中的《球场风波》，更被拍成电影。随后在《文汇报》担任文艺部主任。"文化大革命"期间，他因选择"靠边站"，被剥夺工作权长达六年之久。一九七八年以后，入上海社会科学院历史研究所工作，任副所长、研究员，直到退休为止。

据唐振常自述，他由文转史，是出于对"文化大革命"那场空前浩劫的反思，以为"不学史无以知今"。生平第一篇史学长文为《论章太炎》，一反"文化大革命"时将章定调为"法家"及"批孔"的说法。该文取精用宏，逻辑严谨，老辣尖锐，能够自成新说，直刺"四人帮"的要害。是以宏文一出，引起史坛震动，从此之后，唐正式成为"三界人物"，影响更为深远。

唐先生治史，奉其师陈寅恪"以小见大""在历史中求史识"的原则，下笔不苟，力求从具体的历史事件中去探求其普遍的意义。自称平生研究三个半历史人物，"三个"分别是章太炎、蔡元培、吴虞，"半个"则是指吴稚晖。既写其功，不讳其过，且都是有所为而作。套句他自己的话，就是"为个人辩诬之意义小，求历史公正之意义大"。秉持这种精神，其所写饮食文章，无不深中肯綮，可以历久常新。

上海史的编纂，乃唐振常治史的一大领域，他先后主编过《上海史》《近代上海繁华录》《近代上海探索录》等巨著。上海史之研究，能有今日气象；研究上海之学，成为今日显学，唐老前驱辟路，堪称大功不朽。

唐文最妙处，在才华横溢，各体文俱备。有气势磅礴的论文，有细致缜密的考据，更有汪洋恣肆的散文。不但思想与时俱进，文风意境更是越老越高，于绚丽多姿外，亦复醇厚浓郁。二十世纪八九〇年代，他在上海滩走红，报章杂志、广播电视，几乎无日无之，而且无所不在。他重视穿着，形象潇洒，声音洪亮，著作等身，其影响及贡献，早已超越史学和文学的范畴，似乎惠及整个社会。

基本上，唐振常才气纵横，微有些傲气，但没有霸气，治学实事求是，为人从善如流，只服理不服人。"无理，虽权贵，不折腰；有理，虽后生，悦服。……他晚年交往圈子中，每多青年才俊，忘年之交成群。……身上留有可贵的侠气，路见不平，拔刀相助，事见不公，拍案而起，仗义执言，全无顾忌，为弱势者撑腰，让当局者难堪。也因此，有人说他火气大，有人说他热心肠"。他一向"重感情，无城府，不掩饰，喜怒皆形于色，喜则畅怀大笑，怒则破口大骂，悲则放声大哭"。这种真性情，不愧侠者本色。是以曾有人戏评上海学界诸名人，据彼性情作为，或称其为"才儒""傲儒""酸儒""商儒"等，不一而足。唐则被评为"侠儒"，允为传神之评。

作为富户少爷，唐自幼衣来伸手，饭来张口。成年之后，仍不懂营生之道，有钱就花，出手阔绰，加上好茶、好酒、好烟、好饭菜，钱固然来得快，去得也够快。然而，他却能将文化与饮食结合起来，吃出门道，讲出名堂，更有一己创见，发前人所未言，功在中华饮食甚巨。

要成为个美食家，一定得天时、地利、人和三者俱全，缺一不可。唐振常自少及壮，皆在号称"小吃王国"的成都，后来转赴饮食多元的上海发展，也曾驻足香港、台湾、江苏、安徽等地。纯就时间点和地利上言之，清末傅崇榘的《成都通览》一书，已收录成都著名的看点，足见当时饮食之盛况。唐振常适时而生，当然躬逢其盛，遍访著名小吃。二十世纪四〇年代中期，他初来到上海及赴香港，曾经比较当时三地之小吃，指出："凡事皆从比较得之，在成都这个饮食大国之前，上海瞠乎其后；在香港这个蕞尔岛食之前，上海昂昂乎其先矣。"

不过，待他长住上海及香港后，正逢两地饮食业勃兴之时，透过自身体会，写的海上饮食，真是铿锵有力，可以掷地有声。摘录一些如下："本帮以德兴馆和老饭店最著名。德兴馆……旧式房子三层……底层供应大众化饮食，以肉丝黄豆汤为主，食者多平民。三楼售价高，皆本帮名菜，最脍炙人口者为㸆虾（食过半再油爆）、虾子大乌参、白切肉、炒圈子等。虾子大乌参入口即化，夸张一点说，不必咀嚼，可以顺喉而下。宋美龄最喜食德兴馆此菜，杜月笙更为常客。老饭店……菜与德兴馆大致相同而各有短长。……众多的老正兴中，以二马路一家最著，三马路者次之，菜均各地特色。韭黄上市之时，二马路老正兴的韭黄肉丝，色泽鲜明，韭黄极爽肉极嫩。……宁波帮菜馆亦遍布市上，随处可吃到冰糖甲鱼以及三子（蚶子、蛏子、海瓜子）。至于粤菜，自然以新雅最佳，唯价贵，其廉者则大三元与冠生园，冠生园分店甚多，菜廉而惠。"接下来，他继续写淮扬帮、北味（包括京菜、山东菜、河南菜三种）、杭帮、川菜、云南菜等。

讲到香港饮食，他亦有所着墨。像闻名的海鲜，即写道："香港仔珍宝海鲜舫之食，精巧而多味，展现豪华气象；鲤鱼门之食虽稍粗，亦不失海味本色；南丫岛食海味，极为豪放，龙虾新鲜而肉嫩，一盘梅子蒸膏（蟹黄）平生所仅遇。"它如位居中环的陆羽茶楼及 Matino 咖啡馆，亦为他所悬念。前者代表中国传统文化的情趣，"壁上悬画，画美字佳，食客有观赏之乐"，除以茶驰名外，其"点心特佳，萝卜糕非如他店之呈方形块状，而是黏糊成一碗，有如年糕而多味，又不黏牙。炒粉爽而滑，虾饺大而嫩，热气腾腾。糯米鸡饭好鸡佳，渗透荷叶之清香"。后者堪称西方老式文化情趣的代表。它"真正是一间小店。……门不大却沉重，推门而入，但感古色古香，其实并没有也放不了多余的陈设，墙上亦了无装饰。异香扑鼻，熏人欲醉，这股咖啡香的强烈，其他咖啡店所未得闻"。其"咖啡品种并不很多，只不过十种左右，但烧出来都是上品"。他之所以特爱这两家，则在其乃"两种文化情趣，各自怡然自得，成为享受，兼而融之，更增其趣"。显然唐老身为一介文化人，他于饮食之道，最喜得之自然，尤重心灵感受，见解更是精辟。

见多识广、味兼南北的唐振常，曾从事新闻工作，际遇非凡，有"盐商家中一食""状元府上一宴""澳洲说吃""南丫之行"、严谷生之孙烧的大千鱼、大啖松江四鳃鲈等不寻常的口福。他来台湾时，南北走了一遭，若论所最爱的，乃高山乌龙茶。他也尝了些异味，如烤野猪、莲雾、龙虾血等，见识到山葵的真面目，品了新竹小吃。抵达台北后，一共待三日，享用了还不错的烧饼油条，骥园的砂锅炖鸡汤，一家四川馆的东坡肉等。该馆"乃以东坡肉与川菜所无的虾子大乌参配为一菜，一色亮，一色玄，两不相扰而各极其妙"。这趟台湾之行，唐老印象深刻。

唐老不好厚味，四川的炖肉汤、鸡汤，不放盐，人称之为原汁原汤，此一淡雅之味，他甚喜之。亦爱吃粤菜，"爱其味淡色佳，每菜主菜与配菜得宜，既不以奴欺主，盘中难觅主菜，也不是单纯皆主菜，凡纯则单一"。等到一九八三年再赴香港时，睹香港饮食之盛，竟然俨同隔世，更明白它是伴随着经济、社会、文化以兴盛的。后来屡去香港，耳闻目睹，更增此想。最大的感慨，则是"香港饮食帮派菜系之多，已远远超过了昔日的上海，菜肴制作之精美，不但总体水平高过内地，且有的帮派的菜肴也高于其发源之地，此是一。其二，在制作方法上，香港多守家法，能得其体。对佐料的要求，亦同此理"。而且，"香港的粤菜，就其本质，依然保持味淡色佳的本色，复有发展创造，不失粤菜之体，而能有所增益"。"香港确可说集中国饮食之大成，要什么有什么"，但近几年来，却每下愈况，乃"与厨师相率移民有关"。一甲子以来（唐一九四六年首次赴港）的香港饮食兴衰，通过他的寥寥数笔，即可见其端倪。

他山之石当然可以攻错。自二十世纪八九〇年代开始，上海的饮食业者，不务本而赶潮流，"一股潮流兴，继之以衰；又一股潮流兴，亦继之以衰，兴衰隆替，循环往复，而于上海饮食之兴，终无济于事"。而在这种人为炒作下，兴风造风，随风而动，乃成态势。究其动机，不外捞钱，在向壁虚构下，"强为之与硬为之"，它所造成的恶果，"便是丢掉了饮食之道的大本大源，不足以守成继业，也就谈不上发展了"。而要改变此一畸形现象，唐老主张先从"派系分明"着手，多多益善后，即有容乃大，再正本清源，杜绝其谬种，确立主与从。接着就是引香港"招牌菜"的概念，全力把菜烧好，建立招牌的拿手菜，要吃这个菜，必到这个店。待建立招牌菜后，更要不惜一切维护，也唯有如此，才说得上发展。而不妄求创新，则是基本原则。

在唐振常的饮食文章中，关于文化层次，不择地皆可出，非但有凭有据，时时出现警句，让人感受强烈，兼且受益良多。名篇如《徽菜之衰及其联想》《晋菜今何如？》《川菜皆辣辩》《饮食文化大交融》《所谓八大菜系》《家法何存？》《中华料理有料无理》等，兴观群怨，俯拾皆是；而《一行白鹭上青天》《常州豆腐》《四鳃鲈鱼》《成都小吃》《担担面》《上海三家小饭馆》《偏食为佳》《家食与食家》等，抚今追昔，余韵不尽；至于《夜吃》《穷吃》《吃"转转（儿）会"》《石家鲃肺汤》等，则兴会淋漓，穿越时空。总之，他将饮食"虽小道，必有可观者焉"，说得头头是道，每每引人入胜。

先生的第一本食书，其名为《饔飧集》，取《孟子·滕文公上》"饔飧而治"（其注云："饔飧，熟食也。朝曰饔，夕曰飧。亦泛指熟食。"）之意，书名辞意近古，足见朴茂典雅。我得读此书，拜食友许幼麟之赐，而他拥有两本，皆得自唐的同学傅宗懋。当夜在骥园用餐，正饮鸡汤时，许持本书赠我，告以此书至佳。待读毕，早已日上三竿，平日所读食书，无如此畅快者。而本书在台湾发行时，易名《中国饮食文化散论》，我又读了两遍，仍觉十分惬意。待大陆再度发行时，更其名为《品吃》，我仍继续钻研，欲罢不能。

唐老来台湾时，幼麟全程接待。他权充向导之前，曾在郁方小馆一聚，问我可以做伴否。以次子出世不久，实不克南北奔波，竟错过此一良机。至今每一思及此，仍引为一大憾事。

唐府膳食，例由其母安排。她不嗜辣，故其家中所食，"有的是明显不能有辣，如滑肉片、冬菜肉丝、酱肉丝、炒腰子，以及红烧、清炖的菜。有的则明显可以加辣而不加辣者，如炒黄豆芽、豆豉炒肉。……有的菜则是必须辣而在我家竟不加辣者，如居家最常见的回锅肉和盐煎肉……"。另，四川每家必备的泡菜，唐家"泡菜缸竟有十余个，由母亲自管，不准他人涉手，每缸一味，不能混杂，撠泡菜的筷子亦不能混用"。而吃泡豇豆炒肉末时，居然也不放干辣椒，振常一念及此，不免"迂矣"之叹。

川人讲究喝汤，唐府的炖汤，与他家略同，但有两味汤，全来自贵州，为"其家独步"而"堪自豪者"。一是黄豆芽炖肉汤，"肉切成连皮带肥与瘦的小块，放入酱油、花椒、酒等，浸片刻取出滤干，置锅中加水煮沸后温火煨之，再倒入浸过肉的酱油，后加豆芽，其味美极"；另一是所谓的烩赤豆汤，"把赤豆烧得极烂，搅成泥甚至成沙状，加盐和猪油炒，倾入汤内烧一滚，撒上大量葱花。汤有味，豆泥也能食"。唐振常自云："平生不会烧菜，只此两汤于我为擅场，至今烧而食之不辍。"唐对这两味汤应是颇为拿手，难怪叙述甚详。

唐有食友二人。其一为老饕师陀，常向他夸赞苏州石家饭店的鲃肺汤，"认为是当今绝品，不食此不知人间美味"。结果特意跑去，竟因时令不对，与它错身而过。但不料反而得以大啖呛虾，堪为人生一快。其二为食家车辐，不但精于吃，且能道出个中真谛，同时还是烹调高手。两人吃了一甲子，互惠良多。食而能如斯，实无憾此生。

关于食家与老饕之别，唐老讲得透彻："即使吃遍天下美味，舌能辨优劣，往往也还只是个老饕。"而世人所喜谈的"美食家"（即食家），却"对这个头衔的赠与，又往往过于慷慨"。其实，两者之异，其关键在于"文化"二字。而要成为食家，必须"明其统属，知其渊源，解其所以，方足以言饮食文化"。而且"饮食文化之研究非孤立之学，实是一门大学问，非博通专精之士不能为之"。又，能烧一手好菜的厨师，同时也"能明了饮食文化的渊源，融会贯通，知其然且知其所以然，信手拈来皆成美味，'治大国如烹小鲜'，轻而易举，可谓大厨师，亦可兼称美食家"。可见他认为成一美食家的途径非一，既可深究文化，吃出一番道理，也可由厨入手，创造美食文化。

那么吃要如何品才算到位？唐老解释绝妙，堪称经典譬喻。他指出："食有三品：上品会吃，中品好吃，下品能吃。能吃无非肚大，好吃不过老饕，会吃则极复杂，能品其美恶，明其所以，调和众味，配备得宜，借鉴他家所长，化为己有，自成系统，乃上品之上者，算得上真正的美食家。要达到这个境界，就不是仅靠技艺所能就，最重要的是一个文化问题。高明的烹饪大师达此境界者，恐怕微乎其微；文人达此境界者较多较易，这就是因由所在。"旨哉斯言，真可放诸四海而皆准。

中西的饮食文化及方式各异，唐老认为，中西饮食文化是"难以融合的，往往只见其拼合"；至于方式，则是"拼在一起，也是各取所需"。是以分食聚食，充其量，只是看其需要而已。

唐虽有"美食家"之誉，也曾被推为美食学会会长，吃遍上海名馆，店家以能得其好评为荣。逢年过节，名厨送菜，不绝于途。但他光说罕做，能屈也能伸，即使吃一碗辣酱面，也是甘之如饴。繁简俱宜，精粗皆可，一切以"立其诚"为依归。看来先生之于饮食，可谓已进于道矣。

尤值一提的是，唐文甚耐读，如"儿时，我们每晚必吃他的豆花粉。后迁居，十余年不食，常思之，偶过故居之门，看易豆花仍卖此食，痛食之"，最后三个字，实画龙点睛，一见即涎垂，食指复大动。我每吃到好的，必奋不顾身，吃得撑撑的，摩腹而消食。唐文亦戏称，人吃得太饱，将如齐景（颈）公、蔡（菜）哀（挨）侯（喉）。显然其在全力以赴后，似已动弹不得了。

写食圣手唐鲁孙

凡读过《老残游记》的人，想必会对刘鹗写王小玉说书的那一段，留下不可磨灭的印象。他将那种"美人绝调"，描绘得细腻入微，扣人心弦，必得有经纶妙手，始足以尽其妙。如就食界而言，能与老残争锋，本身朵颐丰厚，且能写出美味中味，足以傲视群伦者，恐非唐鲁孙莫属。

唐鲁孙家世显赫，满洲"八大贵族"出身，原姓他他拉氏，隶属镶红旗。他家和汉人的渊源颇深。曾祖父长善，字乐初，官至广东将军。长善风雅好文，在广东将军任上，招梁鼎芬、文廷式二名士，伴其二子共读，四人后来都入翰林，同为"帝师"翁同龢门生，平添一段文坛佳话。长子名志锐，字伯愚；次子名志钧，字仲鲁。观其"鲁孙"之名，即知其为志钧的文孙。

志钧曾任兵部侍郎，同情康、梁变法，"戊戌六君子"常集其家聚会议事。慈禧闻之不悦，派他远赴新疆，担任伊犁将军，后奉敕回，辛亥革命时遇刺。另，长善之弟长叙（即鲁孙的曾叔祖），官至刑部侍郎，其二女并选入宫，即光绪帝的瑾、珍二妃。民国初年时，年方八龄的唐鲁孙，常随亲长入宫"会亲"。有年春节，他向姑祖母瑾太妃叩贺，被授以一品官职，家人引为荣宠。

鲁孙有一半汉人血统。其母为李鹤年之女。李鹤年字子和，奉天义州人，道光二十五年翰林，先后出任河南巡抚、河道总督和闽浙总督，服官颇有政声，而且长于风鉴，识拔宋庆、张曜，二人均为后期淮军之外的名将。

作为名门之后，能够博闻强记、善体物情的唐鲁孙，以父亲早逝，年仅十六七就得自立门户，只身外出谋职，足迹遍海内外，时有应酬往来，觥筹交错无数，交游因而广阔。由于赋性开朗，兼之虚衷服善，加上出身贵胄，数度出入宫廷，亲历皇家生活，习于品尝家族奇珍，又遍尝各省特有风味，唐鲁孙对饮食有独到见解，故有美食家之名。是以日后发而为文，不仅言之有物，能道出个所以然来，同时也发扬饮食之道，自娱兼且娱人。至于文字优美、耐人寻味，则为其余事也。

此外，他对民俗掌故知之甚详，且对北京传统文化、风俗习惯和宫廷秘闻尤为了然，因而又被誉为民俗学家。

一九四六年时，唐鲁孙随岳父张柳丞渡海来台，起初任烟酒公卖局秘书，后历代松山、嘉义、屏东等地烟厂厂长。一九七三年退休后，闲来无事可做，他重操笔墨。文章最早发表于《民族晚报》《大华晚报》上，极受读者欢迎。其秉持的宗旨，只谈饮食游乐，旁及典故旧闻，绝口不提时事，亦不臧否人物，以免惹一身骚，自找麻烦。

其实，早在退休的前一年，他即撰一长文，题为"吃在北平"，发表于《联合报》副刊，马上引起广大读者反响。除文坛大佬梁实秋撰文呼应外，杂文名家"老盖仙"夏元瑜一睹此文，以"内容虽全为旧事，可是写得极为新颖。……上起自极豪华的餐厅，下至著名的摊贩"，其中种种记载，令他佩服之至，从此与其结为笔友，"书信来往比情人还要密"，情同莫逆。更有趣的是，这篇充满"京味儿"的宏文，还引发老北京的莼鲈之思，海内外传颂一时。自此之后，食家逯耀东所宣称的"新进老作家"（注：谓其"新进"，指过去从没听过他的名号；而言其"老"，则是他操笔为文，年已花甲开外），一发不可收拾，成为一位多产作家。又，唐并自谓其撰文时，兴到即写，"有时一口气写上五六千字"，遂能积少成多，逐步刊行于世。一直到他谢世止，写了一百万余字，一共出了十三册文集，内容丰富，量多质精（集中百分之七十谈吃，百分之三十提掌故），非但文采一流，而且自成一格，允为一代杂文大家。只要一读其文，即乐在其中矣。

而自命好啖的唐老，始终对饮食抱有浓厚兴趣。其肇因在世家巨族的饮食服制，皆有固定规矩，一丝马虎不得。例如唐府试厨，只有一饭一肴，其一为蛋炒饭，另一为青椒炒牛肉丝，合度即录用，且各有所司。即使是家常食用的打卤面，亦甚讲究，必须卤不泄汤，才算合格。而其食用之法，就是面一挑起，马上朝嘴一送，筷子绝不翻动，也唯有如此，卤汁才不泄，入口醇且郁。而他之所以如此执着，归根究底，不外一个馋字。其能成就一代食功，令名迄今响亮，即在"谗人谈谗，不仅写出吃的味道，并且以吃的场景，衬托出吃的情趣，这是很难有人能比拟的"。饮食大家逯耀东如是说。

另，以"馋中之馋"自况的他，曾自嘲称："我的亲友是馋人卓相的，后来朋友读者觉得叫我馋人，有点难以启齿，于是赐以佳名叫我美食家，其实说白了还是馋人。"毕竟嘴馋的，颇不乏其人；馋而能说出个道理来，已非易事；馋到极致，著书立说，且被读者奉为圭臬的，放眼当今，一人而已。

且不管是个馋人，抑或是位美食家，除了本身馋的条件外，还得有其环境和阅历。关于此点，唐虽原籍长白，但自幼至长，却长住北平，且先天即馋，待一游宦全国，即东西南北吃。通过以下这五件事，便可知他在饮食上何以能全方位且全到位，雄杰特出，戛然独造。

其一是把握机会，积极进取。他吃过的好鱼不少，像江苏里下河的刀鱼，松花江的白鱼，还有鲥鱼、鲴鱼之属，就是从未尝过青海的鳇鱼。后来有个机缘，终于一履斯土。原来有一年，"时届隆冬数九，地冻天寒，谁都愿意在家过个阖家团圆的舒服年，有了这个人弃我取、可遇而不可求的机会，自然欣然就道，冒寒西行"。结果真是圆满，他不仅吃到青海的鳇鱼、烤牦牛肉，还在兰州吃了滋味绝佳的"全羊宴"，唯有这种为馋走天涯的精神者，才有可能成为一代食宗。

其二是美食当前，舍得花钱。唐任职铁道部时，参加过铁展工作，有次回天津时，火车一过禹城，他就掏出一块大洋，嘱茶役一到德州站，就出站买只扒烧鸡，顺带两个发面火烧。茶役知其为部里人，多余之钱必是小费，乃为其拣了一只"又肥又大、热气腾腾的扒鸡，还买来了火烧"，并重沏一壶香片。"这一顿肥皮嫩肉，膘足脂润的扒鸡令人过瘾，旅中能如此大快朵颐，实是件快事。吃饱连灌几大杯浓茶，觉着吃得过量，只好倚枕看书，车过沧州，才敢就卧。哪知一枕酣然"，竟睡过了两三站。这次嘴馋误车，后被同事知道，调侃说大禹治水，三过家门而不入，而他此举，可以踵武前贤。"为食'德州鸡'，不惜腰中钱"；欲尝顶级味，得舍才能得。

其三是机缘特殊，生平难遇。我读《金瓶梅》时，最爱宋蕙莲烧猪头那一段，"烧得皮脱肉化，香喷五味俱全"。扬州名菜之一的"扒烧整猪头"，更是有口皆碑，法海寺所烧者尤知名。唐家旧仆启东，手艺正宗道地，出自该寺嫡传。选用"奔叉"良猪，整治炖煨完毕，"猪皮明如殷红琥珀，筷子一拨已嫩如豆腐，其肉酥而不腻，其皮烂而不糜"，真是无上美味。有次唐与黄伯韬将军及陆小波会长一起享用启东烧制的整猪头，适友人送陆小波海南紫鲍，但陆不谙吃法，交由启东治馔，结果启东误听发好后与猪头肉同烧，乃"原钵登席，热鳌久炙，鲍已糖心，其味沉郁……恣飨竟日，无不尽饱而归"。由于紫鲍比起猪头价昂十倍不止，他们还比之为"小吃大会钞"。而这等豪吃法，也太不寻常了。

其四为以食会友，广结善缘。鲁孙自"志于学"后，就得顶门立户，周旋宾客之间，年方二十出头，就常出外工作，先武汉后上海，交结地方名流，时有应酬往来。当他在上海时，每逢阳澄湖大闸蟹上市，便相约赴"言茂源""高长兴"等铺，喝老酒吃大闸蟹解馋。但对这种制式吃法，他颇以为然，"总觉得吃大闸蟹最好是双沟泡子酒、绵竹大曲、贵州茅台，要不海淀莲花白、同仁堂的五加皮，还有上海的绿豆烧才够味，南酒（指绍兴酒）……

似乎都不对劲"。而与他有同感者，则有刘公鲁、袁寒云、李瑞九等。报界人士如孙雪泥、陈灵犀笑称他们是"公子哥儿派"（注：寒云为袁世凯二公子，瑞九为李鸿章孙）。李瑞九不服气，便在家里请报界朋友吃大闸蟹，先上用蟹黄、蟹粉制作的"八宝神仙蛋"，待上大闸蟹时，大家对宜用南酒、北酒，莫衷一是，于是"南北酒具备，黄白杂陈，结果北酒吃得精光，南酒开坛只烫了两壶"。尝过这一顿后，有些主张以南酒吃螃蟹的人，才改变了论调。这种实证吃法，如无志同道合且见识不一者齐聚同品，基本上是不可能有结论的。

我有志研究搭配中国酒配菜久矣，多方探究，效法前贤，亦认同北宜于南，只是白酒只宜清香型（如汾酒、二锅头、高粱酒等），实不宜浓香型（如绵竹、双沟、五粮液、洋河大曲等），亦不宜酱香型（如茅台酒、郎酒等），毕竟其味浓郁，掩过螃蟹真味。

另，在调配酒中，我亦赞同海淀莲花白，但对五加皮（用天津双鹿及广州双鹤）和绿豆烧（用窑湾，产自江苏新沂），则敬谢不敏。其原因无他，太强烈而已。如佐饮绍兴酒，确以元红（即女儿红、花雕之类）为佳，其衍生之加饭、善酿、香雪及竹叶青等佳酿，其甜其香其醇，皆自家味过厚，抢走螃蟹鲜味。

其五是寻常滋味，尝杰出者。旧时北平人家，讲究不时不食。过了二月初二龙抬头之日，就接姑奶奶回娘家享享福，头一顿饭，必吃薄饼（即春卷，闽、台人士则称润饼），名为"咬春"。这个应景美味，台湾四时皆有，即使小吃摊贩，亦常见其踪迹。

品尝这个春饼，花费可大可小，菜式可多可少。我家在清明时，必尝此一思之即涎垂的佳味。菜至少十二道，款款皆精细，卷而食之，痛快淋漓。但比唐鲁孙所尝的，仍是小巫见大巫。

唐虽尝过上方玉食（指清宫）的春饼，但不如大律师桑多罗家的春饼细致考究，作料齐全。桑府所用的烙薄饼，来自北平西半城头一份之"宝元斋"，上品的章丘羊角葱、甜面酱，例由当地鲁家供应，增色添甘。其合菜戴帽甚精绝，"先把绿豆芽掐头去尾，用香油、花椒、高醋一烹，另炒单盛，吃个脆劲，名为闯菜。合菜是肉丝煸熟，加菠菜、粉丝、黄花、木耳合炒，韭黄肉丝也要单炒，鸡蛋炒好单放，这样才能互不相扰，各得其味"。薄饼内卷的盒子菜花样亦多，桑府的"一定有南京特产小肚切丝，另加半肥半瘦的火腿丝。熏肘子丝、酱肘子丝、蔻仁香肠，必定用'天福'的；炉肉丝、熏鸡丝、酱肚丝，一定要金鱼胡同口外'宝华斋'的"。这顿排场讲究的桑府薄饼会，由于桑律师对皮簧兴趣极浓，吃罢必有余兴节目，是以言菊朋昆仲与玉静尘、王劲闻等名伶名票，皆与此会，实为食林一大盛事。

金门人每在冬至当天吃润饼。有年冬至，李柱峰县长请在"联泰餐厅"吃润饼，躬逢其盛的有杨树清、许水富、李昂、许培鸿、李锡奇、古月及我们一家四口等。当天店家所准备之饼皮，来自金城老店，所搭配之菜料，无不精心制作，总共二十来种，堪称家腊干味，而且有脍有脯。我独食七八卷，欢畅淋漓之外，佐以金门陈高，乃平生快意事之一。其考究处纵不及桑府，似已庶几近之了。

以上仅为唐老在饮食上的凤毛麟角。观看他的饮食集，前半生着墨最多的，当然是北平，其次为江南（包括上海），再次为武汉。透过其汪洋宏肆、海纳百川的书写，这些地方的食物才能一一浮现，历历在目；加上集中多描绘餐馆摊贩，以及风流人物，犹如万花筒般，让人目不暇接。其也终成一股风潮，引发莼鲈之思，沛然莫之能御。

尤其可贵的是，他既能和名士往来，尝诸般异味，亦能与食家交流，得聆妙语真谛。前者如唐老曾与有"近代曹子健"之称的袁克文共品西餐。袁"从不穿西装，更不爱吃番餐"。他们口有同嗜的，就是爱吃大闸蟹。袁克文发现"晋隆西餐厅"的"忌司烤蟹盂"，肉甜而美，剔剥干净，绝无碎壳，"不劳自己动手，蟹盂上一层忌司，炙香膏润，可以尽量恣飨"，真是不亦快哉！后者如唐老除有机会向食坛大师谭篆青请益外，还和岭南食家梁均默大谈食经。梁据自己经验，告以："吃海味讲鲜味实在是北胜于南，北方水寒波荡，鱼虾鳞介生长得慢，纤维细而充实，自然鲜腴味厚。拿对虾来说，天津塘沽、秦皇岛出产的对虾，鲜郁肉细；山东沿海一带所产对虾，鲜则鲜矣，肉则不及塘沽所产细嫩。……至于台湾东港的对虾，卖相虽然相当不错，可是吃到嘴里柴而且老，鲜味更差，酒馆里把它当成珍品海味，而会吃的人，则不屑一顾。"这让我想起数年前，曾和倪匡在香港新界流浮山的"海湾海鲜酒家"品尝海味。所食之海鲜，皆随蔡澜购得。等到清蒸对虾上桌，倪匡吃了一只，感慨地说："现已无上好的对虾可食，真怀念往年在渤海所吃到的。"他这一叹，看法与梁均默相同。对虾的确北胜于南，但现在污染严重，即使到了北地，亦乏上货可尝，实在让人无可奈何。

唐老走遍大江南北，对中国菜的分布，确有独到看法。他指出："中国幅员广袤，山川险阻，风土、人物、口味、气候，有极

　　　　　　　　　　　　　食家风范

大不同，而省与省之间，甚至于县市之间，足供饮膳的物产材料，也有很大的差异，因此形成每一省都有每一省自己的口味。早年说，南甜、北咸、东辣、西酸，时代嬗替，虽不尽然，总之大致是不离谱儿的。"

他将中国菜按地域分为三种，北部菜、中部菜和南部菜。而山东菜能成为北方主流，主要是清代河道总督设于山东宁州，为当时第一肥缺，差事又闲多忙少，饮食宴乐方面，自然食不厌精、脍不厌细地讲究起来。自乾隆驻跸江南，盐商们迷楼置酒，四方之珍，水陆杂陈，淮扬菜遂誉满五湖四海。至于"吃在广州"，缘于通商口岸，华洋杂处，豪商囊橐充盈，一恣口腹之嗜，所出菜式，精致细腻，异品珍味，调羹之味，易牙难得，而且力求花样翻新，因而岭南风味，直可味压江南，成为后起之秀。

等到抗战军兴，国民政府迁都重庆，川、湘、云、贵佳肴，遂成天之骄子，人们口味跟着大变。及至1949年来台后，人们渐惹乡愁，吃些家乡风味，聊慰寂寥之情。"不但各都会的金齑玉脍纷纷登盘荐餐，就是村童野老爱吃的山蔬野味，也都应有尽有，真可以说集饮食之大成，汇南北为一炉。"唐振常的饮食，在入境随俗下，亦有所更张，于是像贡丸、四臣（臣，今人多写成"神"）汤、吉仔肉粽、度小月担仔面、米糕、虱目鱼皮汤、棺材板、万峦猪脚、美浓猪脚、山河肉、旭蟹、碰舍龟、蜂巢虾等，无不一一过口，而尤其欣赏海鲜。这些古早味，有的现在已经失传，亦有已非旧时味者。不过，他则早先一步，当令得时尝之，然后发诸笔端，说得头头是道。由于兼容并蓄，且不独沽一味，其视界因而更阔，道得出所以然。他自谓："任何事物都讲究个纯真，自己的舌头品出来的滋味，再用自己的手写出来，似乎比捕风捉影写出来的东西来得真实扼要些。"其实是自谦之辞。

能我手写我口者甚多，如无过人见识，只是人云亦云。唐鲁孙的文笔一流，见多识广，加上口纳百川，故所谓将自己饮食经验"真实扼要"写出来，基本上，"正好填补他所经历的那个时代某些饮食资料的真空，成为研究这个时期饮食流变的第一手资料"。饮食文化研究者固然视之为瑰宝，但对广大读者而言，则是悠游于其文辞之间，望风怀想。

还有件事值得一提，在唐老的著述中，不乏有关茶、酒、烟等的作品，或有历史根据，或有自家阅历，篇篇精彩可诵，实将"烟酒不分家""茶酒不分家"的精髓，描绘传神得宜。只是时代不同，烟酒有害健康，现取而代之者，反为茶和咖啡。但将其当文献来读，探讨其中精蕴，不啻另个味儿，足以增广见闻，亦可由此窥知风会之变。

而一代食家又如何打发一顿，实在令人好奇。原来他爱吃蛋炒饭，且甚为讲究，非比寻常。曾连吃七十二顿，被友人封为"鸡蛋炒饭大王"。据他所述，曾吃到两次至为惊讶的蛋炒饭。一次在美国迪士尼乐园住宿旅馆外的"双龙餐厅"，名为中华料理，实际是美式中餐。他心想"犯不上点菜做洋盘……每个人要客炒饭，总不会太离谱儿"，于是叫了一客虾仁蛋炒饭。端上桌来一看，"饭是用高脚充银盘盛着，而且还有一只银盖，盖得是严丝合缝，掀开盖子来看，好像刚打开包的荷叶饭，用酱油焖出来的，倒是毫不油腻，扒拉半天，也找不出一点鸡蛋残骸，疏疏朗朗几粒虾仁，还附带有几根掐菜，炒饭里配掐菜，真是开了洋荤"。最后竟索价六元五角美金，价格高昂，匪夷所思。另一次则是在北平的"中国饭店"，他无意中吃到鸭肝饭。此饭米粒松散炒得透，鸭肝则老嫩咸淡极为适口，堪称"炒饭中逸品"。这两食炒饭，皆出于意料之外，可见食运如何，只能问苍天了。

唐书中最令我折服的，则是"东兴楼"的大师傅。人在灶火边上，一把大铁勺能把勺里菜肴一翻老高，勺铲叮咚乱响，"火苗子一喷一尺来高，灶头上大盆小碗调味料罗列面前，举手可得。最妙的是，仅仅猪油一项就是四五盆之多，不但要分出老嫩，而且新旧有别，什么菜应用老油，什么菜应用嫩油，何者宜用陈脂，何者宜用新膏，或者先老后嫩，或者陈底加新，神而明之，存乎一心，熟能生巧"。犹记七八年前，永和有一陋巷小馆，其名为"烹小鲜"，老板年逾五旬，胳膊粗壮，结实有力，其灶上功夫，似乎不遑多让，但见勺铲翻飞，炒菜顷刻而成，其滋味之佳美，已得调羹之妙。吾家一女一子，自幼看其手段，尝其精湛厨艺。他们每看美食节目，如《料理东西军》，观其师傅推炒，每每摇头不已，直呼"不好吃"。

纵观唐老食书，有亲临其境而不敢食者，如"蜜唧"；有误植其菜名者，如"穆家寨"的拿手绝活为"炒面疙瘩"，而非"炒猫耳朵"。寥寥无几，无伤大雅。其记忆力惊人，口福至高无上，文笔则有如万马奔腾、万流归海，每每高人一等，难怪其文一出，有如风行草偃，天下为之轰动。饮食名家逯耀东认为：饮食创作必须是个知味者，且谈吃文章不易写，必须先有支好笔，读起来才有情趣可言。执此以观唐鲁孙，谓之"写食圣手"，实在当之无愧。

饮食男女郁达夫

"食、色，性也"，这是大家耳熟能详的一句话，但要将此"饮食男女，人之大欲存焉"，诠释得淋漓尽致，放眼古今中外，虽不乏其人，但是这些人士，多半限于活动，绝少诉诸文字。两者能而得兼，不仅文采斐然，且有真性情在的，纵观近现代史上，非郁达夫莫属。

出生于浙江富阳的郁达夫，原名郁文，达夫是他的字。这位被胡适誉为"中国现代第一流的诗人和作家"的人物，擅长散文、小说，同时精通外语，凡日语、英语、德语、法语、马来西亚语等，皆能运用自如。然而，这位狂狷之士，最为人所称道的，反而是他饮食男女的真性情。

他是个放荡惯了的人。不光在饮食上如此，在感情上尤其如此。如就感情而言，活脱像金庸《天龙八部》中段正淳和段誉这对父子的综合体，父亲到处留情，而且爱得专注，个个全力以赴；

儿子则钟爱一人，不顾自身形象，死缠烂打到底。在他的生命里，这位酷似王语嫣的佳人，就是王映霞。而在吃这方面，影响他最大的，恐怕也非她莫属。

映霞在杭州女中肄业时，即有艳名，达夫一见，惊为天人，倾倒备至。她此时年华才双十。据《古春风琐记》的记载，她年届三十时，"还是那么白嫩，轮廓生得真停匀（均匀、妥帖），在家里常不着袜，扱着一双珠履，脚指甲早染上蔻丹，更显得丰若有余，柔若无骨"。这是作者高拜石的近距离观察。当时他和达夫交情不错，时相往还，所记应属实情。

达夫追求映霞时，年龄已三十三，同时还有家室，大家都不看好，然而终于爱出结果。这当是他一生中，最称心如意之事。叶兆言编的《名人日记》，有一段"初识王映霞十日记"，透过达夫笔端，读者才能发现，他爱情的能量，竟是如此强烈，火光四射。在初识的那十天，这一个恋爱狂人，从一见倾心，遂求再见、三见，甚至在过程中，连接吻的次数，以及哪一次吻得最长，全记载得清清楚楚。这种闪电式的进攻，让他这个有妇之夫就像个浪荡子，却流露出真性情。难怪友人郭沫若对于他的真，有如此评价："他那大胆的自我暴露，对于深藏在千年万年的背甲里面的士大夫的虚伪，完全是一种暴风雨式的闪击，把一些假道学、假才子们，震惊得至于狂怒了。"

尽管田汉曾在自传体小说《上海》内为郁达夫辩护，把爱情的多元论，归结为"艺术家的特权"。但对郁达夫这位大诗人，我比较认同曹聚仁的观点，他指出：诗人住在历史上是神人，飘飘欲仙的；但住在你家隔壁，就是个疯子。

一九二七年六月，郁、王二人订婚，选在杭州西湖畔的"聚丰园"，嘉宾云集。达夫意气风发，即席赋诗，诗句中有"相思倘化夫妻石，便算桃园洞里春。知否梦回能化蝶，富春江上欲相寻"，惹得宾客们击节赞赏。

如此良辰美景，少不得旨酒嘉肴。据说他们品尝的杭帮菜，有"西湖醋鱼""宋嫂鱼羹""东坡肉""神仙鸭"及"炸响铃"等，从晚上七时半开席，直吃到半夜十二时，在宾主尽欢下，酒足饭饱赋归。

婚后二人寓居上海，王映霞这一新嫁妇，为了满足丈夫的好吃，开始洗手做羹汤了。且为增进烹饪技艺，遍尝上海各大餐馆，如"知味观"分店、"王宝和酒家""新雅粤菜馆"等，都有他们足迹。新婚燕尔，蜜里调油，并美其名为"交学费"。

中馈妙手初成，达夫生性好客，加上饮食考究，家中伙食最好，友朋乃不请自来，经常成为座上客。

映霞回忆往事，曾说："因为我家吃得讲究，所以鲁迅、许广平、田汉、丁玲、沈从文等人常来吃饭。尤其是姚蓬子，简直一日三餐都在我们家吃。我们对他们来者不拒，一律欢迎。"姚蓬子何人也？他是姚文元的父亲，或恐欣赏佳肴，不以饕食为耻，别人虽然常去吃饭，他则整日恭候开餐。

郁达夫有好食量，酒量亦大得吓人。每餐可吃一斤重的甲鱼，或是一只童子鸡；并饮上一斤绍兴酒，也能喝下大量白兰地，尤其爱吃"甲鱼炖火腿""炒鳝丝"或"清炒鳝糊"，而且食不厌精，经常变换菜色。这可苦了王映霞，每天要到小市场寻找节令食材。此时他们住在赫德路，映霞还得跑到陕西北路，去大街市买稀罕菜，以满足郁达夫的胃口。

达夫此际供职于创造社，入息颇丰，每月达二百枚银元。通常蓝领阶层的收入，不过数元而已。

王映霞回忆说："当时，我们家庭每月的开支，为银洋二百元，折合白米二十多石，可说是中等以上的家庭了。其中一百元用之于吃。物价便宜，银洋一元，可以买一只大甲鱼，也可以买以六十个鸡蛋，我家比鲁迅家吃得好。"

由此可见，郁达夫这个奉行美食主义者，"为食海（指上海）上鲜，不惜腰中钱"，除天天换菜色外，还要求不时不食。映霞常为此伤透脑筋，只为夫君满意与举座道好。

小两口在迁往杭州后，择地城东场官弄，建"风雨茅庐"，小园附郭，构造精巧。其地近报恩寺，为军械储藏处，旁即省立图书馆。他因而自诩拥有武库、书城。

达夫嗜酒，雅好交游。不论是达官显宦、学生、穷朋友，只要谈得来的，无不结纳，一样招待。名士如邵力子、宣铁吾、周象贤、赵龙文等，与其都有交情。有次陈澹如游览杭州，达夫拿一块艾绿色的石章，请他刻"座上客常满"五字以自况。澹如却说："不如刻'樽中酒不空'。"

达夫素性爱游山玩水，在这段时间内，诗词而外，多着墨游记、杂文。上海报纸称他为"游记作家"，他亦乐于以此自居。此时所写旧诗，多为游览之作，不改好酒本色。如《醉宿杏花村》一诗，诗云："十月秋阴水拍天，湖山虽好未容颠。但凭极贱杭州酒，烂醉西泠岳墓前。"

一九三六年初，是达夫人生中的一大转折点，他既成就了美食家的令名，婚姻也蒙上了阴影。一得一失之间，实在无法评量，只怪造化弄人。

当时他旅日的旧识陈仪，担任福建省的省主席。两人私交不错，达夫应邀来到福州，轰动了文艺界。他虽挂名为参议，实乃主席"上宾"，根本无须办公。但王映霞未随行，他寄寓青年会食堂，地方还算精洁宽广，中西菜也烧得不错，就是不许宾客饮酒，故好客的他，每想请人吃饭，大感不便。

而在这段时间内，他最悠闲也极繁忙。悠闲时日多，可到处晃荡，享当地饮食。且在盛名之下，"恭求法书"者众，虽毛笔字平平，他仍"却之不恭"，纸到即写。写的尽是自己诗句，倒也相得益彰。

这个有名的吃货、酒徒，不到半年光景，遍尝福州饮食。他在来闽之前，有位朋友到过福州，写信告诉他"闽地四绝"，"依次序来排列，当为：第一山水，第二少女，第三饮食，第四气候"。透过他的观察，以及切身体验，郁达夫以清初周亮工的《闽小记》为蓝本，撰写了《饮食男女在福州》一文。其文势回肠荡气，笔触细腻生动，确为饮食文学之杰作。不过，他谈的固然精彩，但若想对民初以来的福州饮食了解更全面而深入，需和萨伯森所撰的《垂涎录》并观，如此才能通透整个福州的饮食文化。

福州菜是闽菜的主干，与漳、泉二州的闽南菜组合而成闽菜。而今在台湾，所谓的"台菜"，即是闽菜的旁支，亦渐成体系。福建得天独厚，天然物产富足，不论海鲜、笋类，特别鲜甜，同时在外省各地游宦、经商者众多，于是本地食材，加上外省烹法，"五味调和，百珍并列"，遂使闽菜之名，喧腾老饕之口，福州尤为重镇。

食家风范

在福州的海味里，郁达夫最欣赏的，主要是有"西施舌"之称的长乐海蚌，以及有"贵妃乳"之誉的蛎房。后者即生蚝，其较小者，台湾则名"蚵仔"。

产于福州岭口的西施舌，宋人胡仔称其"极甘脆……出时天气正热，不可致远"。这或许是郁达夫所声称的，"听说从前有一位海军当局者，老母病剧，颇思乡味；远在千里外，欲得一蚌肉，以解死前一刻的渴慕，部长纯孝，就以飞机运蚌肉至都"之所本。而这位部长，推测可能为萨镇冰，他的侄儿就是萨伯森。

被周亮工誉为"色胜香胜"的西施舌，郁则认为"色白而腴，味脆且鲜，以鸡汤煮得适宜，长圆的蚌肉，实在是色香味俱佳的神品"。关于此点，我有些小意见，认为欲尝西施舌的本味，以生食为佳。

遥想半世纪前，台湾鹿港一带海域即盛产西施舌，俗称"西刀贝"或"西刀舌"，是当地名贵的海味。当时家住员林，每逢其产季，父亲的好友便送一箩筐，供我们连吃两三天。他传授吃法，极为新鲜者，先将它冰镇，再蘸酱油生食。酱油用台南的手工制品，食来甘脆腴美。也可用清蒸，亦蘸此酱油，感觉似爆浆。其余可以五味、爆炒、煮姜丝汤等法享用，各具其味，味美难名。

达夫对于这"清汤鲜炒俱佳品"的西施舌，值它上市时，"红烧白煮，吃尽了几百个"，认为是此生的豪举。我的口福差些，总有将近百个，也算得上是年少之时的至味。

讲到吃牡蛎时，我必眉飞色舞。其肉洁白细嫩，兼且营养丰富，号称"海底牛乳"。达夫认为福建所产的，"特别的肥嫩清洁"。其实，台湾西部海岸及金门亦盛产，滋味亦佳。

牡蛎生食极美，就我个人而言，只要海水洁净，连水同食即可；或加点柠檬汁，也是不错选择。而用台式五味、日式、欧式蘸汁，或色淡而醇正，或色艳而带酸，虽各有各的味，最好单享其一，如果三者同蘸，非但无法加分，滋味势必大打折扣。

蚝煎和蚝烙，乃漳州和潮州的风味小吃。亦可炙成一大盘，切块以光饼夹食，当成大菜享用。我吃过十余回，至今回想起来，以马祖的为佳。

至于当成小吃，清人郝懿行于《记海错》中指出：牡蛎"凿破其房，以器承取其浆。肉虽可食，其浆调汤尤美也"。堪称知味之言。台湾的蚵仔面线、蚵仔生、蚵仔汤、蚵仔粥等，在制作之前，取此以为法，更能增添风味。

福州人认为"蟳肉最滋补，也最容易消化"，他却觉得质粗味劣"远不及蚌与蛎房或香螺的来得干脆"。郁自称对蟹类素无好感，故有此一论调。其实，台湾流行的处女蟳和香港嗜食的黄油蟹，在我个人看来，并不逊于大闸蟹。前二者专食母蟹之黄，后者则享公蟹之膏，各擅胜场，都是极致美味。

其他如江瑶柱，他只点到为止。至于海鱼方面，只提到贴沙鱼。贴沙鱼形同比目鱼，以洪山桥畔的"义心楼"最擅烹制。贴沙鱼，即鲽鱼，又名鲽沙鱼。《海错百一录》云："一名龙舌，俗呼草鞋鱼。"形扁而薄，本产在海滨，秋末入江产卵，溯流上至洪塘而止。"义心楼"用鱼鲙供客，肉嫩味美。也许所削的生鱼片，质鲜形美，功夫细腻，脍炙人口。可惜"义心楼"早已歇业，福州现则以"黄焖贴沙鱼"著名。

萨伯森曾在《义心楼贴沙鱼》中撰七绝一首，诗云："义心楼

食家风范

上贴沙鱼，宋嫂工夫似不殊。张翰倘教来作客，秋风未必忆莼鲈。"将它和松江的四鳃鲈并论，对其推重可知。

肉燕又称"扁肉燕"，由于它的形状像煞含苞待放的长春花，故又名"小长春"。郁达夫颇欣赏，把这福州独有的特产仔细介绍："将猪肉打得粉烂，和入面粉（注：实则地瓜粉），然后再制成皮子，如包馄饨的外皮一样……"其实，它可制成多种菜点，加工成片状，用以包馄饨、水饺者，即"扁肉燕"；用以包小肉丸者，称燕丸；切丝煮者，则叫燕丝。而与鸭蛋同煮者，可制成大菜，号称"太平燕"，最受福州人欢迎。台湾的肉燕，以彰化二林最负盛名。我有时想食这味道鲜香、吃口滑润爽适的肉燕，得就近去台北东门市场购买，以解馋瘾。

至于饮食外的有名处所，郁指出有四家，最值得称道者，乃"可然亭"。菜馆的女主人，其小名叫"嫩妹"，交游广阔，生意兴隆，座客常满。菜肴以"酸溜草"著名。其制法为：把草鱼"切为大块，蒸熟，不使太老，置盘中，以碎蒜调以糖醋酱豉置锅中加油后乘极沸时泼之，取其肉嫩味美。其汁更用以拌'面批'（煮熟的面条）"。以上记载于《郑丽生文史丛稿》。此外，"可然亭"所售肉包尤著名。而今台湾的台南、新竹与鹿港，皆有贩售肉包，其制法皆源自福州。

贪杯的郁达夫，与其他的文友，例如鲁迅等人，皆佐饮绍兴酒。既已来到福州，对于当地酒品，岂能轻易放过？土黄酒勉强可喝；鸡老（酪）酒喝多了头痛；荔枝酒稍黑甘甜，不对他的胃口。而福建一般宴客，"喝的总还是绍兴花雕"，但价钱极贵，斤量又不足，酒味也嫌淡。似乎只有"以红糟酿的甜酒，味道有点像上海的甜白酒，不过颜色桃红"，没有负评。

早在北宋时，以红曲酿的黄酒，就已天下闻名，苏东坡且有"夜倾闽酒赤如丹"的诗句。这酒非比寻常，酒液红褐透明，酒香浓郁芬芳，酒质醇和纯正，入口鲜美爽适，余味回甘绵长。我喝过的，以"福建老酒"为上，"蜜沉沉"次之。至于上海的白酒，最著名的为"松江白酒"。此酒极为甘美，甜度虽高，但甚清洌，能沁心脾。我颇嗜此，可惜佳酿无多，一直在寻觅中。

又，福建黄酒佳品，除前述的老酒和"蜜沉沉"外，我亦爱"龙岩沉缸酒""连江元红酒"和"茉莉青"。关于这些酒的来源、酿造、口感及入菜等，可参考拙著《痴酒——顶级中国酒品鉴》一书，应有满意解答。

达夫饮茶，旨在解酒。自云"我不恋茶娇，终是俗客"。对铁罗汉和铁观音之所以会偏爱，倒不是茶味如何，而是认为它们如"茶中柳下惠"，"酒醉之后，喝它三杯两盏，头脑倒真能清醒一下"。

谈到福州女人，郁达夫对其人种、血统、肤色、身体康健、装饰入时等，无不娓娓道来。最后对这些"天生丽质难自弃"的福州女子，用"福州晴天午后的全景，美丽不美丽？迷人不迷人？"作结，真是神来之笔。

映霞在杭州的日子多，是名士之妻，更夙有艳名，交际一广，久而久之，闲话自然跟着而来。结果郁、王之间嫌隙愈积愈深，即使经人劝合，隔阂依旧存在。兼之时逢丧乱，大家心情欠佳，更显同床异梦。等到正式化离，达夫悲不自胜，日后远赴南洋，最终埋骨异域。

当时对"郁王婚案"有个成见，即"无论王映霞怎样美，嫁给一个郁达夫总算三生修到。……单凭《达夫九种》这部恋爱的圣经，王映霞亦足千古了"。

郁达夫在南洋时，从事爱国行动。为了隐瞒身份，做好潜伏工作，开了一家酒厂，名字叫"赵豫记"。为了达成使命，这位嗜酒如命的才子，毅然决然戒酒，收敛先前张扬，绝不直露浮夸，令人充满敬意。

他生前有诗云："大醉三千日，微醺又十年。"身故之后，文友易君左感慨地说："他是一个人才，一个天才和一个仙才。天之生才真不容易呀，数百世而不可一见。李太白后隔了一千多年，才生出了一个黄仲则（黄景仁，清乾隆时大诗人），黄仲则以后又隔了几百年才生出一个郁达夫……"

把他和李白并论，难免有过誉之嫌。但比之于黄仲则，二人文章、身世相近，但郁达夫之率真，尤让人津津乐道。

南海圣人精饮馔

　　从清末到民初时，不论在政界、书法、儒学等方面，皆戛戛独造，且翻云覆雨，盖棺难定者，首推康有为。他不仅特立不群，领一代之风骚；同时精于饮馔，走遍千山万水。其精彩的人生，足以辉映千古。

　　康有为，原名祖诒，字广厦，号长素、更生。清广东省广州府南海县人。禀赋绝异，声如洪钟，精力过人，自幼即有"圣人为"之名。人称"南海先生"，又称"康南海"。他最早享大名的，不是在政治舞台，而是在书法方面，其影响之深远，至今罕有出其右者。

　　当年纪轻轻的康有为，在上书皇帝的希望落空后，心情极为苦闷，友人建议宜以金石遣怀，乃移居位于宣武门米市胡同的南海会馆。这里面"别院回廊，有老树巨石，小室如舟"，他取名"汗漫舫"。他广收各种碑版，日以读碑为事，系统研究书法，"尽观京师藏家之金石，凡数千种"，并开始撰写书稿。隔年还乡，构思成熟，十七天即杀青，完成《广艺舟双楫》一书。天资高妙，人所难及。

此书为当时最全面、最系统的书学著作。毕竟，书学涉及太广，自明清以来，论书者众多，如汗牛充栋，但竟连一部书法史都付诸阙如。只有此《广艺舟双楫》一书，体例完整，论述广泛，从书体之肇始起，详述历朝变迁，品评各代名迹，其间又考证指法、腕法，最后终归实用，具有重大意义。故自其问世以来，碑学成为主流，在晚清及民初，占有首席地位。

尽管书内所言如"卑唐"等理论，迄今争议极大，但不论赞同其观点者或反对者，均一致认同其学术价值。

而这本划时代的新书，自初刻起，在七年内，凡十八印，即使两次毁板，依然流行神州。且在康有为生前，日本就以《六朝书道论》之名，翻印六版。康以此书整整影响一代书风，不愧其名"有为"。

完成书法巨著后，康在广州长兴里设立学馆，名为"万木草堂"，收二十多名学生，有心成为"帝王师"。于此，他既培养副手，亦著书立说，为维新变法制造舆论。其儒学名作《新学伪经考》，便在此时镌刻，引起巨大波澜。

此时，最有名的弟子为梁启超。据梁的《三十自述》，康、梁的初次见面，"时余（指梁）以少年科第，且于时流所推重之训诂、词章学颇有所知，辄沾沾自喜。先生乃以大海潮音，作狮子吼，取其所挟持之数百年无用旧学，更端诘驳，悉举而摧陷廓清之。自辰入见，及戌始退，冷水浇背，当头一棒，一旦尽失其故茔，惘惘然不知所从事。且惊且喜，且怨且艾，且疑且惧……竟夕不能寐。明日再谒，请为学方针。先生乃教以陆王心学，而并及史学、西学之梗概。自是决然舍去旧学，自退出学海堂，而请业南海先生。启超生平知有学，自兹始"。于是这位年轻举人，在当头棒喝后，心甘情愿地拜在荫监生门下，走上了学以致用、救国维新的道路。

此外，康最喜欢讲，也最受学生欢迎的课程，则是"古今学术源流"，每个月讲三四次不等。他在讲课中，将儒、法、道等三教九流，以及汉代的经学、宋朝的理学，均历举其源流派别；又以同一手法，讲述诗、词、书、画，皆源源本本，列举其纲要。康"博综群籍，贯穿百氏，通中西之邮，参新旧之长"，以至学生们听得津津有味，无不勤奋笔记。梁启超描绘当时情景，写道："先生每逾午，则升坐讲古今学术源流，每讲则历二三小时，讲者忘倦，听者亦忘倦。每听一度，则各各欢喜踊跃，自以为有所创获，退省则醰醰然有味，历久而弥永也。"其引人入胜处，跃然纸上。誉其为一代宗师，实在当之无愧。

一八九〇年到一八九七年间，康致力于理论著述，完成了《婆罗门教考》《王制义证》《王制伪证》《周礼伪证》《史记书目考》《国语原本》《孟子大义考》《魏晋六朝诸儒杜撰典故考》《墨子经上注》《孟子公羊学考》《论语为公羊学考》《春秋董氏学》《春秋考义》《春秋考文》《日本书目志》等著作。其中有两部书，在思想界掀起滔天巨浪，也对戊戌变法影响极深，即《新学伪经考》和《孔子改制考》。他大胆议论，设想出奇，引起了知识分子和士大夫强烈的共鸣，为以后变法维新打下厚实的理论基础。有人尊

　　　　　　　　　　　　　食家风范

称他为"孔教之马丁·路德",绝非溢美之词。

在这段时期内,精力旺盛的康有为,常去广州近郊闹区的西关饮茶休憩放空。最常去光顾者,有"葡萄""陶陶居",并传下一段佳话。

此二家实为一,其原址为"霜华书院",后改为茶居。主人以小妾之名,命其名为"葡萄"。其后店出让,再易名为"陶陶茶居",盖"葡萄"与"陶陶"二字同音。店东陈若,久慕康有为之书名,商请他题写匾额。康题字有行情,每字实收五元,这在当年可是天价,陈若是否付款,现已不得而知。或许馈以饮食,以代润笔之资。

康有为认为,"茶居"二字太俗,于是删去"茶"字,题"陶陶居"三字,落款为"南海康有为题"。此遂成镇店之宝,广州无人不晓。

"陶陶居"日后雄峙天南,佳肴美点纷呈,文人雅士云集。其著名的菜点,有"红烧鸡鲍翅""发菜瑶柱脯""清宫钱甲鱼""牡丹鲜虾仁""礼云子伊面""原煲香娘米鸡饭""玉液粉""薄皮鲜虾饺""蟹黄干蒸烧卖"等,以及龙凤礼饼、中秋月饼。店家名师辈出,早年大厨陈大惠所推出的"陶陶居上月",轰动岭南、港、澳,即使南洋地区,亦以得尝为荣。陈因而赢得"月饼泰斗"之尊号。此外,二十世纪四五〇年代,其点心师傅崔强制作的百花馅点心,当时即被奉为圭臬,今则已成经典。

"陶陶居"虽独树一帜,久盛不衰,但此皆康有为身后事。最值一提的是,"文化大革命"期间,红卫兵"破四旧",将康有为遗迹破坏殆尽。该店员工知匾额有难,急忙卸下,换成了"东风楼"，加以密藏保护，这才躲过一劫。直至风头平息，才重新将匾额高高悬挂，老店得以恢复旧名。

大画家刘海粟，曾考究招牌字体，确认是恩师手笔，乃一时兴起，另写一匾额，悬挂在楼上。从此"陶陶居"便有师徒二人的匾额，传为食林盛事。

康有为的书法，亦和其书学名作《广艺舟双楫》齐名，号称"康体"。早年康即以楷书著称，初学欧阳询、赵子昂，又师苏东坡、米襄阳，宗晋唐、宋、元名家。自沉潜北碑后，尤得力于《石门铭》，有"纵横奇宕之气"。他在运笔上，运指而不动腕，只讲提按，略于转折。故笔锋顿挫富于变化，处处皆有新意。并强调线条伸展自如，善于依势成形，引带点画之间，于无拘无束外，以"骨"为其中心，遂有阳刚之气，不求形体之美，反显婀娜多姿，真是令人佩服。

此外，他特别爱临摹北宋初年陈抟的对联，对"开张天岸马，奇逸人中龙"这十字再三致意，并得其旨趣。

而他与刘海粟结缘，亦是艺坛佳话。一九二一年时，康观看刘海粟与吴昌硕、王震等人在"尚贤堂"一起举办的画展。众多的作品中，他独对署名"海翁"的几幅佳构，驻足良久，目不转睛，赞道"老笔纷披"。本以为出自老画家之手，待旁人引见后，才知刘海粟是虚龄二十六岁的青年。基于爱才之心，康主动收他为徒，亲授书法、古文。

过了两年，广东发生水灾，康有为即登报，义卖书法筹赈，消息一出，求者日众。然而，康年事已高，应接不暇。刘海粟此时所习"康体"，形神俱似，几可乱真，于是由他代笔，加盖康的图章，满足各方需求。刘海粟晚年书艺大成，一字斗金，更胜乃师。但他始终对这段往事，津津乐道，引为平生得意之举。

一九二七年，康有为移居青岛，刘海粟亲往送别，不料竟成永诀，但他对恩师的仰止感念之情，反而与岁俱增。等到一九八五年，青岛市重修康有为墓，年已九十岁的刘海粟亲书墓碑，并撰《南海康公墓志铭》，以"公生南海，归之黄海，吾从公兮上海，吾铭公兮历桑海。文章功业，彪炳千载！"归结这段旷世情缘，堪称圆满。

维新变法失败，有为流亡海外，在募得巨款后，即以考察之名，走遍四大洲三十一国，同时食遍天下。其所游历的旅程，即使"游圣"徐霞客亦为之逊色不少。他总计横渡大西洋九次，跨越太平洋四次。当年交通工具缓慢，想要如此远游壮怀，绝对不是简单的事。因而他请吴昌硕治印一方，印文为："维新百日，出亡十六年，三周大地，游遍四洲，经三十一国，行六十万里"。

在他考察期间，遍尝各地饮食，写下《欧洲十一国游记》。不过，里面并无他认为"冠绝万邦"的瑞典。

原来这个让他另眼相看的小国，其社会福利制度，贴近他在《大同书》中的构想。居留的岁月里，他参观了学校、托儿所、养老院和贫民收容所。所见所闻，都让他相信"不独亲其亲，不独子其子，使老有所终，壮有所用，幼有所长，矜寡孤独废疾者，皆有所养"的理念，竟在眼前得以实现。

一九五六年，康有为的女儿康同璧，将康有为遗著《瑞典游记》的手稿，交付瑞典驻中国使馆的文化秘书马悦然，请这位汉学家帮忙校对，并于日后付梓。而今位于瑞典首都斯德哥尔摩的郊区仍有"康有为岛",供人凭吊游览。

基于儒家"不忍人之心"的博爱观,为"思有以救之",康有为依据《春秋》公羊三世说和《礼运》"小康""大同"说,加上西方资本主义学说和社会主义的某些片段,运用今文经学的变易哲学,表述人类历史,是由"据乱"演进为"升平"(小康),再推进为"太平"(大同)的进化过程,从而推演出大同世界。这是他理想的社会远景,目的则在救苦救难,救民救国。此和他的政治主张,由先前的"君主立宪""开明专制",进化成"虚君共和""开明民主",实有异曲同工之妙,可以并行不悖。然而,这位被误解为落伍的"保皇派"领袖,他对未来世界最详尽的设计与规划,至今仍然无法实现。李敖曾仗不平之鸣,一语中的,一针见血。

李敖誉康有为为"二十世纪第一先知",称"先知的眼光就是要远,在人们只关心朝廷的时候,他关心到中国;在人们只关心中国的时候,他又关心到世界。……现在他做先知带路,却带得与人们距离远了,大家跟不上了,跟不上却还误以为他落伍,这不是他的悲哀,这是追随者的悲哀"。

民国初年,康居住在上海,朝夕与逊清遗老共聚,轮番治席应酬,遍尝名馆佳肴,策划宣统复辟。为了达到"虚君共和"的目的,依照他的主张,"至若应拥何人为君王,则唯有孔子之末裔衍圣公(指孔德成)与宣统帝而已。衍圣公年龄未达两岁,君临中国恐非所宜;至宣统虽为满人,但满人君临中国已有三百年历史,故余深信拥立宣统为最上良策"。

《清史稿》将康有为与张勋合为一传,作为殿尾一卷,实在不明就里。二人均主张复辟，但政治理念不同，结果却没有分别，让康含冤莫辩。

张勋驻节徐州。徐州的"彭城鱼丸"，一向为食家所珍，并有"银珠鱼"之誉。一九一七年初，康有为应张勋之邀，秘密离开北京，南下徐州。张勋的亲戚杨鸿斌，时任"杨渐记南货栈"经理，选在"西园菜馆"为康有为接风。当康吃到"银珠鱼"时，回味无穷，赞叹不绝。于是赋诗一首，诗云："元明庖膳无宗法，今人学古有清风。彭城李翟祖铦铿（指彭祖，中国四大厨神之一），异军突起吐彩虹。"另书对联一副，联云："彭城鱼丸闻遐迩，声誉久驰越南北。"杯觥交错，举座尽欢。

至于"彭城鱼丸"，当它在制作时，要以鸡蛋清与肉汤和入鱼泥，不用淀粉调馅。等到鱼丸氽好，随即淋上香油，再出锅置盘中，并将清蒸过的鱼头、鱼尾，放在盘之两侧，保持整鱼之形，缀以葱、姜、香菜。鱼丸一如银珠，浑圆极富质感，入口鲜嫩带爽，绝非凡品可及。

在密谋举事之际，竟然得享珍味，口福真是不浅。

康有为以"维新"而得名，因"复辟"而丧誉。晚年到处漫游，足迹几遍中土。当他来到洛阳，正值吴佩孚五十大寿。他赠以对联一副，深得大帅的欢心。此联奇逸开张，我常题于书册。联云："牧野鹰扬，百岁勋名才半纪；洛阳虎踞，八方风雨会中州。"壬辰年（二○一二）秋，我应洛阳市政府之邀，前往当地交流饮食文化，并观赏其山川及古迹。最后一天晚上，原定在大帅府改建的餐厅用餐，结果改赴"洛伊轩"，未能一睹伟构，留下些许遗憾。

康的书作当中，罕见扇面传世，有人请教原因，他表示，有些人会拿扇子如厕，为怕所题之字熏臭，所以从不替人在扇上题字。其唯一的例外，居然是送给一位厨师。原来民国初年，他途经河南开封，慕名前往名馆"又一新"品尝。豫菜大师黄润生亲炙一道美馔，菜名为"煎扒鲭鱼头尾"。康有为尝罢不禁拍案叫好，称其"骨酥肉烂，香味醇厚"，乃引西汉珍馐"五侯鲭"的典故，即兴题写了"味烹侯鲭"的条幅，赠予店东钱永陞留念，以示对味美的赞赏。更破天荒地邀黄厨小叙，并赠题写"海内存知己"的折扇一把，聊表谢忱。此菜一经品题，声誉鹊起，盛名迄今不衰。

这道菜的制作，先选用肥硕的螺蛳鲭，在整治干净后，截去其中段，留头尾备用。鱼头一剖为二，带皮切成条状，鱼尾手法亦同。接着以小火煎至黄色，再把主、配料（冬笋、香菇、火腿）铺好，放入扒箅里，另将葱、姜在锅内爆香，随即下绍酒、酱油、鸡高汤。然后把各料扒垫顺入锅内，先以大火烧沸，后用小火收汁。待其汁转浓稠，马上扒入盘内，浇淋汤汁即成。

此菜色泽枣红，肉嫩骨酥，排列齐整，保持原形，妙在非常入味。有为有此食缘，确为无上口福。

民国成立后，康有为回国，广东政府发还其遭清廷抄没的家产，并赔偿其十年的孳息。等他定居上海，则变卖家乡的房地产，改买上海地皮。转眼上海地价飞涨，有为狠狠赚上一笔。挺有意思的是，他老人家喜欢到古董店看字画，特别指定要看唐宋真迹。古董商为宰大肥羊，拿出大量赝品糊弄，并且标价高得惊人。康每次总是笑着说："好，不贵！"就带回家去了。及至年终结账，他则将上面标千、万元的价目，逐笔改为十元至数十元不等。古董店老板见骗不了他，还能收回点成本，也就善罢甘休。由此亦可见其精明慧黠的一面。

"康体"赫赫有名，足够康有为"自食其力"。他在报刊上广登卖字润格广告，同时还在上海、北京各大书店，放置"鬻书告白"，凡中堂、楹联、条幅、横额、碑文杂体等，有求必应，无所不写。当时的达官、地主、军阀、富商，无不慕"康圣人"的大名，附庸风雅者，趋之若鹜。据说康此项收入相当可观，月入高达千元之谱。

大发利市的康有为，将其在上海占地十亩、中西结合的花园住宅命名"游存庐"，广交各界名流，接济门生故旧，食指浩繁，开销庞大，但他乐此不疲。著名诗人陈三立、书法篆刻大师吴昌硕、教育家蔡元培等，都是座上嘉宾；而书画名家如徐悲鸿、刘海粟、萧娴、刘缃、李微尘等，则是拜门弟子。庐中天天山珍海错，可惜未有食单流传。如此的大手笔，类似法国的文豪大仲马。难怪徐勤和梁启超在《致宪政党同事书》上称颂他"居恒爱才养士，广厦万间，绝食分甘，略无爱惜"。

康的最后岁月，仍不忘情教育，创办了"天游学院"，期望门徒辈出。他专收青年才俊入学，自任院长兼主讲，另聘教授数人。其用演讲加讨论的方式教学，始有教学相长之效。课程主要有理学、哲学、文学、政学与外国文学等，兼收并蓄，人神同在，洋洋大观，包罗万有。康并在讲堂上自撰一联，联云："天下为一家，中国为一人；知周乎万物，仁育乎群生。"

学院学生人数有限，最盛时期，也仅有三十人。但他仍诲人不倦，曾聊以自慰地说："耶稣有门徒十二人，尚有一匪徒在内。今其教（指基督教、天主教、东正教）遍于天下，岂在多乎！"

另，他此时的学生中，林奄方和陈鼓征两位，均来自台湾。由于反对日本殖民统治，且仰慕康有为盛名，彼此常用信函联络，讨论各种学术问题。学院成立前夕，康特寄去旅费，方便他们偷渡，寄寓"游存庐"中。为免日人察觉，二人亦用假姓名注册。康有为非但不收其学费，反而供应生活费。如此作育英才，值得让人敬佩。

康有为的一生，因他标新立异，敢向传统挑战，自我感觉良好，以致负评不断。女儿康同璧曾说："先君尝言，一生享天下之大名，亦受天下之大谤。"即使他未"有为"，光拥"圣人"头衔，亦会招致不少批评。像叶兆言便说："因为圣人不是普通人，没有人情味。他是天生的教主，一言一行，都和他的书法一样，流露出强悍的霸气。"然而，这就是康有为，"笑骂任你笑骂，'圣人'我自为之"。与其舌战群雄，不如独行千山，尽情享用人生。

锦城食家李劼人

锦城即成都。这个城市很特别，在二○一○年三月时，联合国教科文组织正式批准它加入"创意城市网络"，并授予"美食之都"称号。这是亚洲第一个，也是迄今为止唯一获得此一殊荣的城市，影响重大而深远。

川菜乃中国四大菜系之一，其品种繁多，滋味丰富，乃世界一主流菜系。而作为川菜的发展中心，成都现拥有极发达的饮食行业、专业的饮食机构、大量且优秀的厨师，并通过举办美食节、烹饪比赛等活动推广和保护传统食品。其能荣膺世界"美食之都"的封号，绝非偶然。

近世成都菜之渊源，见于清人傅崇榘写的《成都通览》一书，其所记成都街市餐馆食品中，颇多饮食珍闻。而自民国以来，对川菜尤其是成都饮食之发扬，不得不归功于李劼人。此君精于饮馔之道，曾经开过餐馆，手下挺有功夫，非寻常者可比，亦有专著传世，是位不折不扣的美食家。

身为中国现代具有世界影响的文学大师之一，李劼人在撰写小说及翻译法国文学方面，成就斐然。同时，他亦为知名社会活动家与实业家。尤不可讳言的是，这位名副其实的美食家，常将成都人的吃喝，以及川菜的历史沿革、制作工艺与其特征，融入其长篇小说之内，手法精辟独到，使读者于阅读后，领略氛围，顿开茅塞。

生于四川成都的李劼人，祖籍湖北黄陂。原名李家祥，常用的笔名为劼人、老懒、懒心、吐鲁、云云、抄公、菱乐等，而以劼人为著，后来取代本名。他早岁的转折点，即在留学法国。一九一九年至一九二一年间，四川掀起赴法勤工俭学热潮，先后有二十批留学生负笈远渡重洋，奔赴法国留学。到一九二一年底，川籍留法学生，已达五百一十一人，包含十四名女生，分别来自全省九十八个县，而以省城居多，约占全国留法勤工俭学学生总数的三分之一。声势之大，人数之众，他省不及。

这群川籍留法学生回国后，分布于各行各业，其在历史上影响较大的，除李劼人外，尚有邓小平、陈毅、聂荣臻、巴金、赵世炎、刘伯坚、刘子华、周太玄和李璜等。其中与李劼人最契合的，首推李璜。而他们之所以情同手足、焦孟不离，肇因于吃，也就是因吃结下不解之缘。

一九一九年八月，年近三十的劼人，同姑表妹杨淑捃结婚。婚前一个月，旧识李璜自巴黎来信，言及他和周太玄主办巴黎通讯社，因业务发展迅速，人手不齐，特邀他一起打拼，可顺便读书求学。于是在婚后八日，李劼人即毅然前往法国，一待就将近五年。而在留学时，他在半工半读，与法国下层民众几乎朝夕相处，生活相当艰苦。

曾有一段时间，稿费未能汇到，他的日子更是窘迫，余钱不够买菜来吃，只好学学范仲淹食粥之法，买几条面包，切成若干份，饿到受不了，用冷水泡泡，才取食一份。日子好转后，为节省开支，一群人一起办伙食，李才有机会大显身手。

据李璜回忆，李劼人的"寡母能做一手川菜，有名于其族戚中。故劼人观摩有素，从选料、持刀、调味以及下锅用铲的分寸与掌握火候，均操练甚熟"。不特如此，与劼人一样会吃也会做川菜的，尚有周太玄。每聚，二人轮流主厨，而由李璜之胞姐李琦担任下手。李琦在巴黎艺术学院主修绘画，租一间公寓于拉丁街学校区。每届周末或星期日，他们几位成都人，便在公寓内聚会，各人亮出看家本领，红烧小炒皆有。"等到痛饮之后，他们各出所吟诗词或绘画，交相品评，一时标榜为文艺沙龙"。由此亦可见他们是挺会过日子的，尽管是苦中作乐，生活仍有水平，乐得逍遥自在。

成都沃野千里，"米好，猪肥，蔬菜品种多而味厚且嫩"，因而当地之川味，"特长于小炒，而以香、脆、滑三字为咀嚼上评"。劼人深晓个中三昧，加上生性严谨，食材要求到位，这对当时担任采买的李璜和黄仲苏来说，无疑是一大挑战。"凡聚餐弄菜，二人则必先行，到巴黎菜市场去办'脚货'"。因为是异乡异地，免不了遇到一些料想不到且带戏剧性的难题。李璜曾举辣椒及花生壳二例以明之。

其一为长红辣椒。四川人嗜食辣椒，但成都人不吃生拌辣椒，要先做成豆瓣酱，或用烧酒和盐浸泡一阵子后，再充作调料之用。但要制成此二者，一次得买个一两斤大红辣椒才够用。但在一世纪前，巴黎人不食辣，仅把辣椒当成盘饰使用。市场上卖的长红大辣椒，皆自西班牙输入。这种红辣椒，既肥且辣，深得劼人欢心，"夸称色味俱佳"，极宜入馔。李璜在小市场菜摊，偶发现十余根，其价并不特昂，一下子买光，还问再有否。小贩大惊。原来巴黎人买大红长椒，每用来吊在灯罩下面，是当装饰品用的。李璜后来找到西班牙菜商，向他订购，并要求其全数送来。两地文化之差异，从此即可见一斑。

其二为花生外壳。劼人有次突发奇想，不吃巴黎人喜食的以红油焖出的红烧兔肉，而是要照成都吃法，烟熏凉拌，用来下酒。同时得用落花生的外壳来熏，这才够香。这可苦了李璜，法国不产花生，他亦不详其洋名，只好"图画捉拿"，走遍大街小巷，最后在市郊吉卜赛人游乐场购得，而且数量有限，劼人视为异宝。精于食道的他，讲究佳肴好料，小处不肯苟且，难怪滋味地道，博得众人喝彩，有"大师傅"之名。

自一九二二年起，在巴黎之"文艺沙龙"，据李璜回想，"每聚必到者，忆为李劼人、李哲生、周太玄与黄仲苏"。偶来穿花的，则有徐悲鸿、常玉这两位画家。一听到劼人和太玄要掌厨，他们竟不去罗浮宫临古画，欣然参加餐会。

等到劼人返川，由于军阀蛮横，他不想同流合污，便去《川报》当编辑。于写评论之外，也持续笔耕撰写小说，并大量翻译法国文学作品。法国近代许多重量级作家，如福楼拜、左拉、罗曼·罗兰、莫泊桑、法朗士、玛格丽特等名家，他们的作品都通过劫人的译笔介绍给中国读者。而他亦借由翻译，吸取他们创作精髓，为他日后的长篇小说提供养分和借鉴，终而完成了其经典杰作，"大河小说"系列的"三部曲"——《死水微澜》《暴风雨前》与《大波》。

李劫人自离开《川报》后，转赴成都大学任教。一九三〇年暑假，时任文学教授的他，毅然辞去教职，借了三百银元，在指挥街开了一家餐馆，请大名鼎鼎的吴虞给饭馆取名。吴虞在日记中写道："李劫人将开小餐馆，予为拟一名曰'小雅轩'。典出《诗经·小雅·鹿鸣》：'我有旨酒，以燕乐嘉宾之心。'"此即后来享誉成都的"小雅"。

"小雅"是家旧式单间铺面改装而成的小菜馆，屋子略带长方，隔成前后两进，前为餐室雅座，后则为小厨房。经过一番修整、裱糊、粉刷，显得干净洁白。靠墙两侧放小圆桌，按照法式风格，铺上白色桌布，有十来把椅凳，家具虽是东拼西凑而成，却里外干净，错落有致，大方宜人。

在开张前一天，劫人写了纸条，张贴于墙上。其内容为："概不出售酒菜，堂倌决不喊堂。"其菜肴由李氏夫妻亲自制作，属于私房菜性质；跑堂一职，则由他资助的成都师范大学学生钟朗华担任，只送饭菜，不报菜名。"小雅"因而形成其独有的清静幽雅之用餐环境，吸引了知味识味的文雅之士。

李劫人开设餐馆的初衷，"一是表示决心不回成都大学，一是解决辞职后的生活费用"。然而，李的身份、地位与名望，其开饭馆之举，一如西汉文豪司马相如和卓文君当垆般，顿时成了大新闻，于是报纸的新闻，其大标题为"成大教授不当教授开酒馆，师大学生不当学生当堂倌"，小标题则为"虽非调和鼎鼐事，却是当炉文雅人"。

消息一出，一时传为异闻。其办餐馆之举，虽出自书生意气，但因做得出色，别有一种风格，导致当时的"五老七贤"，一直津津乐道，纷纷前来光顾。

据食家车辐的描述："'小雅'经营面点，几样地方家常风味的便菜，每周变换一次，均以时令蔬菜入菜，不是什么珍馐盛馔，但很有特色，样样精美别致，不落俗套，注重经济实惠：点心为金钩（注：黄豆芽）包子，面食为炖鸡面和最受欢迎的番茄撕尔面，冷热菜有蟹羹（呈糊状，以干贝细丝代蟹肉）、酒煮盐鸡、干烧牛肉、粉蒸苕菜、青笋烧鸡、黄花（注：金针）猪肝汤、怪味鸡、厚皮菜烧猪蹄、肚丝炒绿豆芽、夹江腐乳汁蒸鸡蛋、凉拌芥末宽粉皮（这是他家传湖北黄陂家乡菜）。另外有几味面菜冷食：番茄土豆色拉（以川西菜油代橄榄油）、奶油沙士菜花或卷心白菜等。"

又，到了星期六，李氏夫妇还会再添几样菜，例如"干煸鱿鱼丝""加干辣子面的卤牛肉""板栗烧鸡""香糟鱼""沙仁肘子"等，轮流变换，平时则配以四季不同的新鲜菜蔬。"小雅"菜品如此多样适口，难怪食客盈门。

"小雅"首创无菜单料理。炒菜不用明油（菜炒好起锅时，再加上一瓢油。此亦见于清人袁枚《随园食单·戒单》内，斥为"俗厨制菜"），不用味之素（味精）。总之，与一般餐馆绝不相同。在制作烟熏排骨时，其熏法甚考究，一定用花生壳加柏枝。花生壳能生香，柏枝则可爨味。后来名馆如"长美轩"，即依此法制作，

　　　　　　　　　　　食家风范

颇受食者好评。

劫人烧菜，非同小可，极受欢迎。例如"干烧牛肉"，必用眉州"洪宜号"酿的黄酒，加姜块干烧之，决不用茴香、八角。毕竟，它们的草药味，实在太俗气了，显不出功夫来。又如"豆豉葱烧鱼"一味，一定用"口同嗜"的豆豉，它可比潼川豆豉、永川豆豉颗粒来得大，"味厚味好又香，浇上去也出色好看"。而且用生猪油煎鱼，味道才会"分外香好吃"。

"小雅"的泡菜、红辣椒都用黄酒泡制，滋味绝佳，可和"姑姑筵"的泡水黄瓜媲美，只是后者卖得很贵，越贵越有人买。他们则走平价路线，食者每天大排长龙。于是有人造谣，称李氏发了财，以致引起匪人注意。匪人绑架了李远岑（劫人之子），闹得满城风雨。小报且有《竹枝词》称："'小雅'泡菜绍兴酒，最是知味算匪人。"

时方三岁的李远岑，为劫人的长子。被绑架二十七天之后，李劫人耗费一千银元，才将其赎回。为此李劫人负债累累，无心再打理"小雅"，"小雅"因此关门大吉。此后李劫人再执教鞭，不料却因辛勤劳动致疾（胃病）。这场晴天霹雳，仰仗袍哥大爷邝瞎子居中调停斡旋，始能圆满完结。他则近距离观察，深切了解了底层社会的昏暗复杂。而邝瞎子则成为其名著《死水微澜》中罗歪嘴的人物原型。

这部长篇小说最大的成功，是借人物（尤其是女性）命运的变迁，展现时代政治、经济生活领域里的变化，真实塑造了"典型环境里的典型人物"。且借由情节的推进，细腻描绘其民情风俗、起居服饰、地方特产，甚至饮食风味等，从而增加其真实性和可读性，将色彩浓郁的巴蜀文化，发挥得淋漓尽致。后续的《暴风雨前》及《大波》，亦承此一主轴发展。此"三部曲"奠定了其在文坛上的崇高地位，佳评如潮。

这"三部曲"采用法国"大河小说"的体式，以更完整的社会生活和文化风俗叙事，既独立成篇，又相互连贯，规模巨大，结构严谨。故文史大家郭沫若对其推崇备至，称颂其为其"中国的左拉"，而其"大河小说"则是"小说的近代《华阳国志》"。香港已故的文史学家司马长风，不仅将李氏列为中国二十世纪三十年代中长篇小说的七大家之一，并表示："李氏的风格现实，规模宏大，长于结构，而个别人物与景物的描写又极细致生动，有直追福楼拜、托尔斯泰的气魄。"

撇开其文学成就不谈，李劼人还是位实业家，从抗战军兴到解放之初，他一直是嘉乐纸厂的董事长。该厂首将西方先进的造纸技术引进四川，满足当时大后方新闻用纸和教科书的需要，功在士林甚巨。他还匀出纸厂的部分利润，支援左派人士及其刊物《笔阵》的经费开支。他亦乐于助人，不落人后，曾资助当年客居成都而生活拮据的作家张天翼、陈白尘等，一时传为佳话。其事迹载于《老成都》一书中。

在生活方面，李劼人除了是位藏书家外，对居住所在，亦有其品位。其故居始建于一九三九年，为避日机空袭、邮递方便，乃选在成都市东郊上沙河堡四川师范大学北大门附近，傍"菱角"堰塘而筑。其主屋原为一楼一底的悬山式草顶土木建筑，李劼人特题名为"菱窠"。等到一九五九年，李再用其稿费，将住所改为瓦顶，木柱改成砖柱，并将二层升高，供其藏书之用。庭院中有溪水、曲径和屋主生前手植果树、花木多株。

一九五六年，"菱窠"尚未改建，宋云彬随全国政协考察团来到成都，曾应邀至此看字画、喝咖啡。宋氏颇多感触，在当天日记上写道："李劼人是一个很懂生活的人。他家的房子是泥墙草顶，但里面的陈设很讲究，布置得很雅致。他说他的屋子因为泥墙打得厚，好比人家窑洞，所以冬暖夏凉，非常舒服云。"

李劼人过世后，"菱窠"全面维修，成为今日格局。其占地将近五亩，主屋与亭阁等的面积，达二千平方米，是成都市唯一保存完好的名人故居。一九八六年十月，名作家巴金重访"菱窠"，睹物思人，曾感喟道，要好好保护李劼人故居，因为"只有他才是成都的历史家，过去的成都都活在他的笔下。要让今天的旅游者知道成都有过这样一位大作家"。

一九四七年，李劼人的另一创举，引起文坛骚动。起因为他在《四川时报》"华阳国志"专刊上，连续发表了四十三篇谈饮食文化的文字，总标题为《中国人之衣食》。一年后，又将此改定为《漫谈中国人之衣食住行》，发表在《风土什志》上，主要内容有《食——国粹中的宝典》《高等华人之吃人》《劳苦大众的胃病》《"蔬菜之国"之谜》《吃鸡鸭方式之师承叫化子》《吃的理想境界》《豆制品》《厨派·馆派·家常派》等。而专谈成都吃的，尚有《成都乡村饮食》《强盗饭·叫化子鸡·毛肚肺片·麻婆豆腐》《成都人的好吃》等美文。

此外，李劼人为自己作品中的四川方言写了大量的注释，极具学术价值和趣味性。曾智中、尤德彦二君在编《李劼人说成都》一书时，特分门别类，加以汇总，题为"蜀语考释"。其关于饮食者，凡二十一种，标"饮食语汇"，极精简耐读，可供参考用。

如此高密度探讨中华饮食文化，李氏首开其端。其最可贵的是，从学者的角度，以作家的笔墨，以美食家的资格，在政治、经济、营养、卫生、烹饪等方面，对中华饮食文化进行了一次大规模的梳理，大有功于食林。在现代作家中，对川菜进行派系风格的比较并有精妙理解者，舍李劼人而其谁？

李氏亦对"烹饪艺术"从理论到实践都有精深造诣。他认为川菜中"繁复多变化的手法，不特西洋人莫名其妙；即中国人而无哲学科学头脑，以及无实地经验无熟练技巧者，也根本无法名其奥妙"。毕竟，"川菜品种多，做法更多，一法之中又生他法"。光是个蒸，便大有学问。例如，"家户人家有饭上蒸，馆子里有笼内蒸、过夜回蒸、隔碗蒸、不隔碗蒸、干蒸、加水蒸等等"。其他尚有煎、炒、炸、熘、烤、烧、焖、煨、熬、煪、煮、烹、炖、炕、煸、烙、烘、拌等二十种基本手法。不过，戏法人人会变，还能玩出花样，像是综合之法，即"炸而复蒸，煮而又烧"。更有甚者，"有综合二者为一组，有综合三者四者而为一组，则奇中之奇，玄之又玄"，滋味千奇百怪，妙在高深莫测。

于是区区"一块肉和一把蔬菜，落到中国的中等人家主妇手上……至少三天就有个变化……第一次是白煮肉和炒素菜；第二必然是红烧肉和肉丝炒菜；第三必是肉菜合做"。接下来的名堂可多啦！"煨啦、炖啦、烧啦、蒸啦，甚至锅辣油红哗啦啦的爆炒啦，生片火锅般的烫一烫或涮一涮啦，诸如此类，其要点在怎么样将其变一变，而吃起来味道不同，不至于吃久生厌"。她们实已将范仲淹的名言"家常饭好吃"的精蕴，发挥得淋漓尽致。

而与"烹饪艺术"互为表里的，则是"烹饪美学"。此美绝非视觉艺术，而是专指味觉艺术。况且"烹饪作为一门艺术，凡只好看不好吃者，殊非这门'实用艺术'之正道"，而现在所存在着的，则是"某种只图好看以骗取惊赞的取巧倾向"。旨哉斯言！目下创意菜当道，只在"色"字上下功夫，完全忽略吃的本旨，其实就是尝个"味"儿。举凡其色其香，皆在促进"玩味"，舍本逐末，莫此为甚。

基本上，此味好坏之关键，全在于"火候"二字。大要言之，中国之大，燃料来源各殊，炉灶不能划一，只能以食品就火。此火又有文武之分。"文火者，小火也，微火也。加热于食品也渐，所需时间较长；武火者，其焰熊熊火也，做菜极快"。例如炒猪肝片、爆猪肚头，在烈火热油的铁锅中，只消几铲子，就可以成菜，迅速且稳当。且无论文火、武火，"过与不及皆不可"。

其次，就在调味用盐，"如何先淡后浓，如何急挥缓送，皆运用于心，不可言宣。故每每同一材料，同用一具，同一火色，而治出之菜公然各殊者，照四川人的说法，谓'出自各人手上'，意在指明每一样菜，皆有作者的人格寓乎其间，此即艺术是也"。亦唯有如此，上口美味的好菜所带给人的印象，才会"钻筋透骨，一辈子也忘不了"。

李劼人个子不高，精神饱满，眸子炯炯有光，说话清楚有力，言谈间挥洒自若，不但有幽默感，而且还常常语出惊人。而他开朗而豪爽的性格，表现在吃菜上，尤其令人拍案叫绝。比方说，上白油虾仁时，他端着大曲酒一杯——至少也有半两——便往菜里倾倒，同席无不愕然，但吃一口之后，必定接二连三。在享用鳝糊之际，他也会别出心裁，用小瓶胡椒倾倒于热腾腾的鳝糊内，"添其辛辣，炙手可热而食之"。此一食法，据车辐的描述，饭店经理"在惊诧中佩服这种新鲜别致的吃法，有如重彩泼墨，谓之曰食中之豪放派，亦无不可"。

患有胃疾的李劼人，平时在晚饭前，喜欢雅上两杯，然后吃点卤菜。一九六二年，家人从外地买回卤牛肉，未经消毒，李食罢胃不舒服，上吐下泻，以致痛得休克。全市群医会诊，抢救一周，无奈药石罔效，李劼人终因肾功能衰竭而与世长辞，得年七十一岁。

在他过世之后，家人遵其遗嘱，将他历年收集的古籍线装书、图书、报纸册、杂志等，共计二万八千余册（其中线装书居大宗，达两万册），全数捐给国家，现主要收藏于四川省图书馆。书香盈庭，遗爱人间，益见其人格之伟大。

总而言之，李劼人在饮食上的成就，套句他女儿李眉的话："我认为父亲不单是好吃会吃，更重要的是，他对饮食的探索和钻研，他之所以被人称之为美食家，其主要原因大概在此。"这和车辐认为美食家得要"善于吃，善于谈吃，说得出个道理来，还要善于总结"，有异曲同工之妙。而今成都之所以成为亚洲唯一的"饮食之都"，李劼人所付出的努力，肯定有推助之功。

逯耀东文化食观

约十余年前，一次偶然机会，我曾和老报人王健壮用餐。当他听到主人熊秉元介绍我是美食家时，便问我是否认识逯耀东。我答以这几年来，有幸和他吃了不下五十顿饭，台湾西岸吃到鹿港，东岸吃到台东，还曾在香港随他享用"北京酒楼"，他是位有道长者。他则笑着说："逯先生是我上大学时的历史教授，上课经常谈吃，吃得极有品位，每道菜都如数家珍，即使是同一道菜，'会宾楼''山西餐厅'和'一条龙'之间的差异，皆讲得头头是道，让我十分神往。当时是穷学生，难随夫子前往，无法领略其奥义。而今回想起来，仍觉若有所失。"

逯耀东生于江苏丰县，台湾大学历史系及研究所毕业，并获文学博士（历史学）学位。曾在台湾大学和香港大学任教，尤致力于魏晋史学与近代史学的研究。晚年则倾心于饮食文化的研究，并开了"中国饮食史""饮食与文化""饮食与文学"等课程，引起热烈反响，本校选修学子甚众，外界旁听人士亦多，可谓盛况空前。然而，他一直想将开门七件事（柴、米、油、盐、酱、醋、茶）之类的琐碎细事，与实际生活和社会文化变迁等衔接起来讨论，并把饮食的渊源和流变进行系统整理，使之自成体系。其已登堂入室，亦收效甚宏，却缺那临门一脚，未能完成更多，便赍志以殁，实为食林一大憾事。

其年稍长，逯父在苏州任父母官，家居在沈三白（著《浮生六记》）住过的仓米巷。逯每天上学时必经"朱鸿兴"，要吃碗大肉面，而且必须要蹲着吃。他这样形容那碗很美的面："褐色的汤中，浮着丝丝银白色的面条，面的四周飘着青白相间的蒜花，面上覆盖着一大块寸多厚的半肥瘦的焖肉。肉已冻凝，红白相间，层次分明。吃时先将肉翻到面下面，让肉在热汤里泡着。等面吃完，肥肉已经化尽溶在汤里，和汤吞下，汤腴腴的咸里带甜。然后再舔舔嘴唇，把碗交还。"描绘精彩，看了着实令人怦然心动。我初去上海时，特地到以苏州面点闻名的"阿娘面"叫了此面，依其方式享用，果然非比寻常，一如店家宣称的，"开心得舌抽筋"。

等到下学归来，他就一头钻进灶下。其母已在灶上准备晚餐，"忙着蒸包子或馒头，切菜炒菜"。此时菜香四溢，他虽腹中饥饿，"心里却充满温暖的等待，只等母亲一声传唤拿筷子拿碗"，一家人遂围灶而坐吃晚饭。此情此景，逯耀东始终难忘。另一件难忘的，则是每逢菊黄桂香的季节，都会吃不少壮硕的蟹。而逯父的朋友们则会结伴而来，执螯煮酒，共话当年。他日后用餐，喜小酌数杯，其缘由即在此。

此外，自谦是"饮食文化工作者"的逯耀东，表示要胜任此职，必须"肚量比较大些，不仅肚大能容，而且还得有个有良心的肚子，对于吃过的东西，牢记在心，若牛啮草，时时反刍"。关于此点，他可是身体力行的。而在其著作中，最使人动容的菜式，首推过油肉和炒虾仁。

幼时在家乡，他的四外祖母曾端一碗"民生馆"的过油肉给他吃。这个北方菜馆极普通的菜，出自山西，而且在魏晋南北朝时即已出现，其特色为"肉片嫩软微有醋香"。逯氏除常自己调治此味外，早年也曾在台北的"山西餐厅""会宾楼""徐州啥锅"和"天兴居"品尝过，"但总不是那个味道"。有次他去陕西，一路到了延安，顿顿都吃这道菜，皆不满意，后来在北京的"泰丰楼"才吃到尚可的。等到回到家乡，在"凤仙酒家"亦品此味，但"已不复当年'民生馆'的口味了"。其对滋味之坚持，由此可见。

吃炒虾仁亦不遑多让，而且尤有过之。当他初访江南时，前后两周，包括临上飞机前，"吃了十三次清炒虾仁"，都远不如早年在苏州所尝的美味，"不仅料不新鲜，而且颗粒细小"，真是不堪一食。等他再回苏州，朋友怜他未吃到可口的虾仁，"餐餐皆有虾仁"，与十多年前相比，其"不论色香味皆不可以道里计"。于是他将考察心得写之如下："在开放之初，从最初没什么可吃，然后再慢慢更上层楼，其间是需要一个过程，不是一蹴可成的。"唯自他老人家仙逝后，大陆经济起飞，各种上佳食材毕集，司厨者手艺也非吴下阿蒙。海峡两岸在饮食上，一消一长之间，早已今昔有别，他若得以观察，体会定更深刻，一旦发诸笔端，其精微奥炒处，必能灿然大备，留下不朽篇章。

身处大时代的变局中，逯氏长住台北、香港。改革开放之后，他前后赴大陆二三十次，"每到一地就吃当地风味，这些特殊的地方风味，只有在小吃摊和小吃店才能吃到，那才是人民真正的生活层面"。长此以往，他便"味不分南北，食不论东西，即使粗蔬粝食，照样吞咽，什么都吃，不能偏食"。其自谓无心插柳，反而味有别裁，以历史的考察、文学的笔触，写出一篇篇探访美食的随笔。

其在台北方面，从早年守着书店的日子，谈到中山堂左近的沧桑，先写"山西餐厅""赵大有""隆记"；再从中华路出发，一路叙述"致美楼""真北平""厚德福""大同川菜""点心世界""小小松鹤楼""清真馆""吴抄手""糁锅""曲园""三合楼""昆华园"和后来桃源街兴起的牛肉面等等。他将这地方南北皆有的吃食，从现代饮食史的角度进行观察，从而发现这一甲子以来"台湾社会变迁的痕迹"。等到中华商场繁盛时期，出现的各地小吃，均保持本身独有的风味，"其中涵隐着载不动的沉重乡愁"。后来它们彼此互相吸收与模仿，又与本土风味融合，逐渐形成新的口味，此即今之所谓的"南北合"。毕竟，饮食这种生活习惯，极易随着生活环境的转变而转变，"水土既惯，饮食混淆，无南北之分矣"。而在地闻名的牛肉面，他更多所着墨，写有《牛肉面与其他》《也论牛肉面》《再论牛肉面》《还论牛肉面》等篇，将此一红火的大众食品发挥殆尽，明其本末所以。

逯氏分枝散叶，继续探讨"南阳街的口味"、泡馍、卤菜和淮扬菜等的源流演变，道出台湾正处于口味混同的转变阶段。故一些小馆子，"既售香酥鸭，又有豆瓣鱼，还有三杯鸡，也说不出是哪里口味了"。因而两岸的菜肴共处一桌，无分彼此，大家照样吃得其乐融融，不可能独沽一味了。正是透过此一过程，形成对不同口味的认同和接纳，最后万流归一，融合成一种虽不地道但可接受的新口味。

不过，经济上的荣景，再度改变饮食习惯。于是一些专卖排场的川、粤菜馆，"一季或几个月就变一次菜式，迎合顾客的口味"，光在形式上耍花招，"华而不实，中看不中吃，了无章法可言"。而他个人所爱食的，一是那些应运而生的保持着"土吃"法的饭馆；二则是街坊的小菜馆，它们"不媚不娇不艳，朴实无华，菜式不多，风韵自成"。事实上，在经济挂帅下，也唯有这两种馆子，才能尝到真正的美味。

另，现在流行的创意菜，他并不怎么欣赏，原因不外是"不知是什么菜，断流截绪，不知来自何处何典，全凭一己之念，凭空设想烹制出来的，烹者洋洋自得，食者（包括媒体）趋之若鹜。所谓美食家吃了人家的嘴软，频频赞好，却有相同的特点，就是价钱并不便宜"。显然这种新潮且搞噱头的菜色难入他的法眼，更甭说尝"鲜"了。

自在新亚书院求学起，一直到任教中文大学结束后返台为止，他前后在香港待了超过二十年。即使已经回台，他仍会抽出时间，去香港住上个把星期，只为"两肩担一口，港九通街走"，探访街坊小馆或大排档。这些他以往常光顾的，才是真正港人吃的地方。香港的消费者从去茶楼转变成去茶餐厅，亦代表着香港的社会在变，饮食的取向也在变。而此一状况象征的则是，"可能与传统渐行渐远"，且某一程度上，正标志着"得悭就悭"的窘境。

尖沙咀的厚福街，只能算是条小巷子，而且是个死胡同，这可是他从上环潮州巷之后最爱流连的所在。小小的街面，隐藏着十家小馆子，而今此巷依旧在，"但两岸的饮食店已是几经沧桑"。除此而外，香港这个饮食天堂，在钱潮的席卷下，传统的饮食业经营不易，尤其是小食肆，不是因"拆楼歇业"，就是"撑不下去'不玩了'"。以致他每去探访这些店家，"往往是兴兴然而往，怅怅然而返"。当下地产兼并益烈，情况尤其严重，传统美味之店，其硕果仅存者，早就屈指可数，他如地下有知，岂止感叹一番而已？

大陆方面则不然。他早年去大陆时，都会采访当地的传统小吃。比方说，在西安时，他曾发现一小巷，兴奋地对太太说："这条巷子可爱，真可爱！这么多的吃食。"后来旧地重游，景物人事皆非，幸喜食物依旧。其后再去郑州、开封，逯也去参观夜市，"发现他们越来越有闲而且也有钱了，于是山南海北吃起来"。

逯氏甚爱品尝饮食小肆，体会平民真正的生活，体验饮食的文化。这当中，他最爱的，首推上海"德兴馆"。"或许正因为设备条件差，外人来的不多，才为上海本帮菜保留了最后的原汁原味。服务的小姑娘衣着朴素，但待客亲切。散座的客人都是衣着随便的上海人，他们浅酌，他们谈笑，悠然自在，无拘无束，菜还没有点，我就喜欢上这个地方了。"至于其菜色，诸如"油爆虾""白切肉""白斩鸡""清熘虾仁""红烧鮰鱼""草头圈子""炒蟹黄油""虾子大乌参""秃肺""下巴划水""扣三丝""鸡骨酱""葱油芋艿""糟钵头""走油拆墩""笋腌鲜"等，都是"地道的上海本帮菜，不失浓油赤酱的本色"。这里逯耀东一共去了五次，足见其对弄堂余韵喜爱之一斑。

　　　　　　　　　　　　　　　　　　食家风范

逯氏在大陆多次行走，足迹几遍一半，到处寻访故味。往往心之所向，一有感于内，即形之于外，妙笔能生花，飘香满文坛。像早期的《更见长安》《又见西子》《三醉岳阳楼》《从城隍庙吃到夫子庙》，篇篇精彩，耐人寻味；而晚年的《豆汁爆肚羊头肉》《去来德兴馆》《多谢石家》《海派菜与海派文化》等，寓食于教，循循"膳"诱，读来兴味盎然，不觉馋涎欲滴。

逯氏自谓"自幼嘴馋，及长更甚。在没有什么可食时，就读食谱望梅止渴。有时兴起，也会比葫芦画瓢，自己下厨做几味"。他起先读的是名家经验累积，或具有地方风味者，后来因凡事喜欢追根究底，又向古食谱叩关，进而深入研究其源流及演变，方写出《食谱和中国历史与社会》这样鞭辟入里、旁征博引的大手笔。

他曾就《四库全书总目》做进一步发挥，精彩万分。该书将饮馔之书自农、道两家析出，与金石图录、文房四宝、清玩百珍、花卉香谱并列于《谱录类》，于是"饮馔之书超越了过去儒家维生与道家养生的范畴，提升到艺术的层次，这是中国饮食思想在明清时代一个重要的转变。明清出现大量的文人食谱，反映了这种发展的趋势"。而这当中最具代表性的，必以清人袁枚的《随园食单》称尊。

袁枚这本总结明清文人食谱的重要著作，实为跨时代的巨著，逯氏特为此写了《袁枚与明清文人食谱》一文，详为推介，颇值一读。我亦不揣固陋，为《随园食单》一书诠释，光是二十则短文的《须知单》，即注解了十八万字，书名为《点食成经》，诸君如有兴趣，可以一并参考。

另，在一九九九年"饮食文学国际研讨会"时，沈谦发表一篇《从陆文夫"姑苏菜艺"谈美食文化》，由逯耀东讲评。他指出："苏州菜的特色是油而不腻、淡而不枯，源远流长，明清文人食谱，留其遗韵。所以，讨论文学作品中所描绘的饮食，不能直接作为材料用，必须先经过一番考证的过滤。陆文夫的《美食家》当如是，讨论《金瓶》《红楼》的饮食亦复如是。"关于此点，他可是剑及履及，早年的《"霸王别姬"与〈金瓶梅〉》《谁解其中味》等长篇，即透露些端倪。晚岁在人间副刊发表的《红楼饮食不是梦》《茄鲞》《释鲞》《茄子入馔》《老蚌怀珠》《樱桃鲥鱼》《南酒与烧鸭》等短文，亦填补红学与金学在饮食资料上的不足，其精妙处，甚值玩味。

就自家烧菜而言，逯氏在书中也提了一些。我个人最喜欢的一段，出自《吃南安鸭的方法》。他写道："她（逯太太）出门后，无所阻碍，厨房可供我纵横……取出昨夜剩的煲仔饭。将油鸭切茸，过油炸脆，以余油制葱油，下蛋入饭炒之，加脆鸭茸并芹菜末即可。砂锅里余下锅巴添水煮成粥，配以新东阳的肉松、自制的辣椒萝卜、此地（注：当时在香港）廖伽记的腐乳、扬州的酱瓜、潮州榄菜，另有松花一枚，下嫩姜末加镇江醋，有大闸蟹的香味。饭罢，泡'梅山'比赛茶一壶，闭目卧靠在沙发上，突然想起顾亭林与人清谈，往往会捻着眉毛说，又枉了一日，我抚着自己的肚皮，暗声说了句，惭愧。"这种饮食情趣，令人心向往之。

逯氏对吃极为专情，只要对味，必会一再光临。在台北任教时，小食方面，爱吃老徐的泡馍，老傅的酱牛肉、酱口条、符离集烧鸡，老张的酱牛肉、牛盘肠，沙苍的白切羊肉、白卤（牛肉、肚、口条）等；餐厅则好"天然台""郁坊小馆""永宝""满福楼"

等多家。他吃了几十年的"天然台"，不但屡将"中国饮食史"的学生带来品尝实习，自己的七十寿筵，亦由这里操办；"满福楼"乃是他和六位台大历史系教授每个月固定的聚餐之所，采轮流做东制，称"转转会"。不过，常常两肩担一口，各地通街走的他，仍抱持欣赏的态度，只要碰上合口味的，都会去试一下。他亦重视"境界"，强调"这是由情趣、感情、情境合成的一种品位，与吃的精粗无关，更不是灯火灿然、觥筹交错的那种表象"。而他心目中的境界，亦非遥不可及，而是无所不在，只要身历其境，细品其中况味，即能优入圣域。

杜甫的《赠卫八处士》这首诗即是如此。诸君试思：见到三十多年前的老朋友，两人须发尽白，约去家里吃饭，半夜没什么菜，在雨夜园子里，剪了一些韭菜，煮一锅黄米饭。老友久别重逢，细说别后沧桑，案上灯火摇曳，堂外春雨淅沥，不知今夕何夕！也唯有融入此一情景，饮食才有生命，提升到精神与文化层面。

他对于吃，常常是奋不顾身。例如他初访西安的某一日上午，走在街上，嘴里咬着饦饦馍夹腊牛肉，又在一家油茶店内坐下，"来一碗油茶泡麻花，然后又喝了丸子胡辣汤。最后还买了个油酥饼，边走边吃"。太太看了，在后面说："肚子，注意你的肚子，细水长流啊！"他回头笑道："尝尝，只是尝尝，每样都尝尝。"真性情流露无遗。而走访苏州玄妙观时，他在"陆稿荐"匆匆买了一块"酱汁肉"，"出门就往嘴一塞，太太站在店外等我，见我这副吃相就说：'你看，你看，哪像个教书的。'"他则一面吃一面说："我现在不教书，我是人民。"字里行间洋溢着自得之乐，羡煞人间万户侯。

我之所以和逯老结缘，想来还真机缘凑巧。当我正撰写饮食文章并涉足饮食文化领域时，接连读了两本他的饮食集子，分别是《只剩下蛋炒饭》和《已非旧时味》，顿开茅塞，受益良多。早就想登门请益，请老人家指点门径。当他返台任教，即由食友翁云霞引见。我特地约在"上海四五六菜馆"，并请老板徐明乐亲炙本帮佳肴。自这回相见欢后，"领导"翁云霞就居中联络，共享了"鳕园""悦宾楼"等十数家餐厅，他亦回请"天然台""永宝"及"郁坊小馆"等。大家吃得不亦乐乎，津津乐道至今。

　　后来在我的安排下，与他和老一辈饮食作家、时年八十岁的童至璋先生等六人，一起在"将军牛肉大王"用膳，由"奇庖"张北和献艺。除六中盘扎实的前菜外，尚有"头头是道"、"五爪金龙"、"水铺牛肉"、"无膻砂锅羊肉"、"将军戏凤"、"鲍鱼之肆"（每人一只如手掌之大鲜鲍）、"臭鳜二做"、"虫草鸠脯"和"桑乌汤饺"（每人六只）等大菜，珍错悉出，取精用宏，让人目不暇接。我正值壮年，肚量本大，全部吃毕，毫不稀奇，但童、逯（时方六十）二老，居然有始有终，全部吃个精光。我当下即骇然，只愿年过八旬，尚能如此健啖，方是口福无限，不虚此生。还有一次吃花莲的"满妹猪脚"，他亦放怀大啖，除整只蹄髈落肚外，尚吃不少猪肠结，举桌相顾失色。

　　"荣华斋"的奇遇，理应带上一笔。时吾子丹庠尚在襁褓，吃罢屠熙老爷子精彩绝伦的罗宋汤及几道美味后，逯老抱着肥胖可爱的丹庠，笑问屠老道："台北可有好吃的烤鸭？"回说："好的师傅凋零殆尽，仅'陶然亭'小宋烤得不错，可以一食。"于是安排我们去品尝。烤鸭准时出炉，随即食片，果然妙不可言。日后小宋辞厨，在自立门户前，逯老非但为其饭店取名"北平全聚德"，还另赠"和而不同"的匾额，并规划一些老菜。"北平全聚德"日后生意红火，成为台北一绝。此即"宋厨"之由来，其遗爱迄今仍未止歇。

在陆文夫逝世前，逯、陆两人曾相会苏州，彼此惺惺相惜。而在二先生先后谢世后，苏州的文人生活，以及饮食的品位，皆随风消逝，可能不复再见。

逯老生前出版的《出门访古早》与《肚大能容》二书，实已将"吃"是文化的一个环节，而且是长久生活习惯积累而成的精蕴，发挥殆尽，颠扑不破。在台湾有"趋势大师"之称的詹宏志，曾撰文指出："我自己最爱读的饮食文章，出自逯耀东先生之笔。逯先生为文不失历史教授本色，谈吃常常能述其渊源变革，使读者多闻多识，这是阅读的知性之乐；逯先生自称'两肩担一口'的文章，又常常糅合自身的际遇，以及社会变迁的沧桑，这其实是文章最感性、也最余味无穷之处。有好几篇我读之动容的文章，作者在其中反复追寻，其实吃到的，常常是走了味的文化与变了调的历史。他吃了什么，我有时反而记不得；而那些吃不到的，寓意着社会变化的流失、一些生活情调的死亡，往往才是文章最曲折动人处。"旨哉斯言，剖析透彻。逯老悲壮伤感的笔触，纵横两岸的书写，谓之"笔端常带感情""无入而不自得"，其谁曰不宜？其谁又曰不可？

胡适的饮食生活

本名胡适之的胡适，他之所以改名，据悉乃因推行白话文运动时，他到处打笔战，有人讥诮他，连名字都不是白话，如何从事此运动。于是他去了"之"字，变成了"胡适"。又，一九三一年时，清华大学举行新生入学考试，国文这一科，由名史学家陈寅恪出试题。其中的一题，就是做对子。上联为"孙行者"，要对出下联来，结果一半以上的考生交了白卷。当时正值白话文运动蓬勃发展，在矫枉过正下，有人在报上攻击清华不该要新生做对子，此话一出，群起响应。

陈出来答辩，指出做对子最易测出学生的理解程度，在寥寥数字中，已包含对词性的了解，以及平仄虚实的运用等。他的解释发表后，"茶壶里的风暴"，自然也就平息了。

但此一人名对，却引发不少反响。在读者的来函中，以"祖冲之"（南北朝的大数学家）、"王引之"（清代著名小学家）、"胡适之"三者最佳，祖孙并连，合于平仄，为上上选。而以胡孙喻猢狲，则引人发噱。不过，这个谐音借对，对仗稍欠工整，终究落入下乘。

胡适之，原名嗣穈，学名洪骍，字希彊。改名胡适后，则字适之，笔名有天风、藏晖等，安徽绩溪上庄村人。他提倡写白话文，并强调新式标点符号的重要性。他特别以"下雨天留客天留我不留"为例，说明若无标点符号，既可读成"下雨天，留客天，留我不？留"，也可读作"下雨天留客，天留我不留"。这两种读法，意思全不同，新式标点符号的重要性，不言而喻。

过四十岁生日时，他的好友之一，著名的地质学家丁文江，以他在"五四"时期率先用白话作诗，乃以白话作了一副对联，为他贺寿。此寿联很有意思，全文为：

> 凭咱这点切实功夫，不怕二三人是少数；
> 看你一团孩子脾气，谁说四十岁为中年。

另，一九二九年夏，胡适应邀到上海公学附设暑期学校，讲授"中国近代三百年思想史"。邻近各大学的学生，久慕他的才名，纷纷赶来旁听，蔚成学坛盛事。

胡适上讲台后，旁征博引，谈笑风生。其引用各家学说时，必将原文端端正正地写在黑板上，接着在下面注明"某说"。例如，引用顾炎武的话，则加注"顾说"；引用黄羲之的话，则加注"黄说"。待介绍并解析各家的说法后，他才连说带写地道出自己的看法、结论，并注明"胡说"两字。原本屏气凝神、安静听讲的学生们见状，无不哄堂大笑，气氛跟着轻松起来。

胡适对待朋友，十分够意思，且极热诚。齐如山曾撰文说："我与适之先生，相交五十多年。在民国初年，他常到舍下，且偶与梅兰芳同吃便饭，畅谈一切。一次，梅在中和园演戏，我正在后台，适之先生同梅月涵、周寄梅两位先生忽然降临。我问他：'你向来不十分爱看戏的，何以今晚兴趣这么高？'他已微有醉意，说：'我们不是来看戏，而是来看你。'后来，他还在医院中，给我写了两封很长的信，一封是讨论《四进士》这出戏的意义，他说：'所有旧的中国戏剧中，以《四进士》的台词最精彩，因为大部分的读白，接近白话文。'"

胡对梅兰芳相当爱护。梅出国演剧，曾预先印了一本特刊，胡亲自为之校阅。且梅的英文演讲词、宣传品，都是经胡适改正过的。又，胡对齐白石也甚为钦佩，并与黎锦熙、邓广铭合编过一部《齐白石年谱》。

由上可见，胡适交游广阔，且兴趣甚广，除学界人物外，与各方艺坛人物，都有一定交情。

一九一七年时，二十七岁的胡适学成归国，到北京大学任教。他应酬频繁，并将用餐地点一一记载于日记中。除中央公园的几家外，尚有"陶园""华东饭店""雨花春""六国饭店""东兴楼""瑞记""春华楼""广陵春""广和居""南园庄""大陆饭店""北京饭店""撷英番菜馆""明湖春""扶桑馆""济南春"等等。依《胡适的日记》上的记载，最常去的一家乃是"东兴楼"，至少记了十次。

依逯耀东《出门访古早》中的叙述，"据说东兴楼是由清宫里一个姓何的梳头太监开的，所以能烹制几样官味，如砂锅翅、砂锅熊掌、燕窝鱼翅。其两做鱼与红油海参就是典型的宫廷菜……尤其酱爆鸡丁，嫩如豆腐，色味香俱全，堪称一绝。清蒸小鸡也是他家的名菜。……生意兴盛了一个时期。胡适常常来东兴楼，因为东安市场距沙滩北大第二院近，北京大学同仁多在这里餐叙"。可见"东兴楼"菜好固然重要，而地利尤为主因，且"东兴楼"的房舍高大，为"谈的很久"，创造了最有利的条件。

又，胡适少小离乡，乡情甚浓，关心安徽的事，是以常和安徽同乡餐叙。此种情形，他在日记中记了七次，而用餐的地点，多选在"明湖春"。这是个山东馆子，"银丝卷"蒸得极佳，而胡适对"面包鸭肝"情有独钟。

以往出洋留学，胡适和外国人的饭局，多吃西餐。他认同西人的理念，请客吃饭只到一处，不重复，不兴一餐赴数处；且宴会简单，不多用菜肴，不靡费。尤其买书太多、经济窘迫之时，他更是如此。

在日记中，胡适去了"北京饭店"两次，都是别人宴请。如一九二一年六月二十六日，"夜间杜威先生一家，在北京饭店的屋顶花园，请我们夫妇吃饭。同座的有陶（行知）、蒋（梦麟）、丁（文江）诸位"。

"北京饭店"原是小酒馆，几经换手，于一九一九年，也就是五四运动那一年，在原红楼西边，增建七层法式洋楼，收费极高昂。餐厅在一楼，七楼有花园酒吧与露天舞池。而赴宴者，则须衣着整齐。若非别人请客，胡适自己是绝不会到这里来消费的。

另有一家"撷英番菜馆"，专卖高档西餐，位于前门外廊坊头，四周是金银珠宝店，乃开在金银窝里的一家西餐馆，消费亦甚昂。

《胡适的日记》中，看到了三处来此的记录，是别人邀饭或洽公。如果自己想吃西餐，他会选去西火车站。当时车上附有餐车，由交通部食堂经营，其在西车站开了家西餐厅。这里地点适中，价钱也算公道，是许多教师或文化人理想的用餐所在。

据陈莲痕的《京华春梦录》记载："年来颇仿效西夷，设置番菜馆者，除北京、东方诸饭店外，尚有撷英、美益等番菜馆及西车站之餐室。其菜品烹制虽异，亦自可口，如布丁、凉冻、奶茶等，偶一食之，芬留齿颊，颇耐人寻味。"

基本上，胡适食事虽多，却谈不上是食家。在其日记内，保留了不少相关资料，可供后来研究，或许是"无心插柳柳成荫"吧！世事之变化，每出人意表。

曾漂洋过海的胡适，其内心深处，仍爱乡土俚味，而逢年过节才吃的"徽州锅"（俗称"一品锅"，非是），特别对他胃口。这所谓的"徽州锅"，食材是猪肉、鸡、蛋、豆腐、虾米等，以大锅炊熟。其最丰盛的"有七层，底层垫蔬菜。蔬菜视季节而定"，笋颇受欢迎，最妙是冬笋。徽州山多，山区正出产好笋。据《徽州通志》载："笋出徽州六邑。以问政山者味尤佳。箨红皮白，堕地即碎。""二层用半肥瘦猪肉切长方形大块，一斤约八块为度。三层为油豆腐塞肉"，四层是蛋饺（摊鸭蛋作皮，包菠菜、豆腐、瘦肉等作馅的蛋皮饺子），五层为红烧鸡块（或用鱼块），六层则铺以煎过的豆腐，最上一层为带叶的蔬菜，覆满为止。起初以猛火烧，待有水滚声，再改成文火，其好吃与否，全看火候。烧时不盖锅盖，用锅里的原汁，一再浇淋其上，约两个时辰方成。"吃时原锅上，逐层食之"。

　　　　　　　　　　　　　　　　　　食家风范

此一"徽州锅",做法和湘北、鄂南一带的"烧钵子"雷同,也近似安徽名肴"李鸿章杂烩"。不过,其食材的多寡与良窳有异。后者尤为费工。须取发好的海参、鱼肚(花胶)、鱿鱼、熟火腿、玉兰片、腐竹等,均切成片。又取鸽蛋十二枚,煮熟去壳。鸡肉、猪肚与十粒干贝加葱结、姜片、料酒上笼蒸透入味后,鸡肉与猪肚亦分别切片,干贝则搓碎撕茸,并用剁成的鱼肉泥滚沾干贝丝成球状,再上笼蒸熟。接着将切片的各料和熟鸽蛋、干贝丝鱼球、水发香菇一起下锅,以鸡高汤和调料续烧。

大致而言,此三种锅子的特点,在于多味复合,鲜醇味厚,香而不腻,咸鲜适口,佐酒下饭,无以上之。

徽州人善于经商,他们之所以经营成功,除精打细算外,主要是因为讲究和气生财,面面俱到。胡适初到上海,曾和二哥学做生意,自然深谙此道。他后来能和各方维持良好的关系,此为原因之一。但这也使他陷入无尽、无谓又无聊的应酬之中而难以自拔。以上是食家亦是名历史学家逯耀东的观察。

中国的知识分子自古以来都是依附于政治或政治的权威下,属于政治帮闲的角色。逯氏又谓:"胡适似乎创造另一种中国知识分子的典型,那就是周旋于政治之间,自置于政治之外……真不知是他玩了政治,还是政治玩了他。"结果,这"不仅是胡适个人的悲剧,也是早已存在的中国知识分子的悲剧"。职是之故,他的社交化成饭局,在北京的酬酢中,为饭店平添几页史话。

知名作家李敖,曾披露一封尘封数十年的信件。那是胡适当年要写给他,但始终未写完的遗稿。在这封信里,胡适对李敖撰写的《播种者胡适》一文,提出指正。譬如他说:"此文有不少不够正确的事，如说我在纽约'以望七之年，亲自买菜做饭，煮茶叶蛋吃'……其实我就不会'买菜做饭'……"

事实上，胡府主中馈者，为其妻江冬秀。他们的这椿婚事，本身充满着传奇，直让人津津乐道。

胡适在五四运动时，赞成打倒孔家店，不想其婚姻却与当时多数人一样，仍是凭"媒妁之言，父母之命"。一九〇四年，胡年十四岁，经母亲做主，与江冬秀订婚。到胡十八岁那年，两家准备举行大婚，他推辞以学业未成，还写了首新诗，"记得那年，你家办了嫁妆，我家备了新房，只不曾捉住我这个新郎"（《尝试集·新婚杂诗四》）。

一九一七年，胡适已赴美留学七载。胡母担心儿子长年在外，婚姻有变，便假病急电催归，并让其于当年底完婚。胡适就此写了两副对联。其一："三十夜大月亮，二七岁老新郎。"其二："旧约十三年，环游七万里。"

第一联为新婚夜的调侃之辞（注：结婚日为十二月三十日）。第二联的上联，指他们订婚达十三年，此即《新婚杂诗》第二首所说："回首十四年前，初春冷雨，中村箫鼓，有个人来看新郎，匆匆别后，便将爱女相许。"而下联则是指其留美七年的旅程。

婚后，两人相敬如宾。中间以胡表妹曹诚英介入，两人一度闹离婚纠纷，但在亲友排解下，终于言归于好。从此胡适惧妻更甚。在台北之时，有天说笑话，他讲到男人要做到"三从四得"：

"三从"：太太出门要跟从，太太命令要服从，太太说错了要盲从。

"四得"：太太化妆要等得，太太生日要记得，太太打骂要忍得，太太花钱要舍得。

从不讳言"惧内"的胡适，非但不觉得这很不光彩，还曾大力提倡"怕老婆运动"，并笑着表示："我是卯年出身，生肖属兔，而太太乃寅年出生，属虎；兔子怕老虎，不是很自然的事吗？"说起来像天经地义，其实有其苦衷。

有趣的是，友人从巴黎寄来数十枚法国古铜币，胡把玩之时，发现钱上有"PTT"三个字母，谐音恰为"怕太太"。于是和朋友开玩笑说："如果成立一个'怕太太协会'，这些刚好可以当作会员的证章。"

一九四四年出刊的《民国吃报》，有一篇文章，标题为"请为我留一块肥嫩红烧肉"，副标则是"胡适喜欢吃肥肉"。内文记载："据说每次《独立评论》同事聚餐，与会同事会把肥肉留给胡适，让他吃个痛快。"如果真的如此，我便和他一样，可谓口有同嗜。台湾早年黑毛猪的五花肉，肥的部分，有如凝脂，望之甚美。红烧之后，甘甜腴爽，油而不腻。家母通常用水豆豉，连肉一起加好酱油红烧之。我则连尽数块，一碗饭落肚矣。至今思之，馋涎即垂。

江冬秀的厨艺，可是众说纷纭，有谓擅长"东坡肉""徽州锅"等，说得活灵活现，只是孤证不立，有张冠李戴之嫌。唯有一点倒是可确定的，那就是"炒豆渣"是江氏的拿手菜。

伍稼青所辑的《民国名人轶事》中写道："江冬秀在美国时，有次打电话给友人，请到她家吃豆渣，她还说：'这是在美国吃不到的好小菜，要来赶快来！'友人在赴召的途中想，豆渣是制作豆腐时剩下的渣滓，在国内各省，用它做喂猪的饲料，怎么老太太会拿它来请客？后来，一大盆豆渣上了桌子，这才知道原来加了五香杂料，用油炒过，十分可口，这是安徽农民最普通的下饭菜。"

豆腐渣确为至廉之物，但只要肯用心料理，便能化腐朽为神奇。食家唐鲁孙出身官宦世家，家中却有两款"炒豆渣"，料足味美，一荤一素，称誉食林。

其中炒素的，叫"素肉松"，其素炒的豆腐渣，"最好是用花生油，先把油烧熟，随炒随加油，等炒透放凉，自然香脆适口。如果放点雪里红、笋片同炒，更是吃粥的隽品"。而用来炒荤的，则先把火腿剁成末，再以火腿油同炒，其妙在"浑色若金，味更蒙密"。其味之美，自可想而知矣！

有个事儿有趣，理应附记一笔。此乃章士钊和胡适之的文白"反串"。话说胡适之一心一意提倡白话文，而章士钊则诋白话文为浅薄；章以古文词称雄当时，却被胡讥之为"死文学"，二人因而结下了梁子。

两人在北平（今北京）时，有次偶然同席，相谈甚欢，乃合摄一影，今谓之"同框"。且各自题诗词于其上。章写的是白话词，胡则题了一首七言绝句。这个士林趣事，人或比之为京剧演员的"反串"演出。章之词为：

> 你姓胡，我姓章，
> 你讲什么新文学，
> 我开口还是我的老腔。
> 你不攻来我不驳，
> 双双并坐，各有各的心肠。

将来三五十年后，

这个相片好作文学纪念看。

哈，哈，

我写白话歪词送把你，

总算是老章投了降。

而胡适所题的诗则是：

"但开风气不为师"，

龚生（注：指清诗人龚自珍）此言吾最喜。

同是曾开风气人，

愿长相亲不相鄙。

在如火如荼的白话文运动期间，这段珍贵轶事，也可称得上是一段佳话。

于右任钟情北馔

　　当我读高中时，在中文课本内，有一篇文章名《自述》，作者为于右任。这篇文章我前后看了十数遍，每回都有新体认。后来爱其书法，每每谛视不倦。于右任于饮食一道，亦有真知灼见，令我佩服不已。

　　于右任，名伯循，字右任，以字行。原籍陕西省泾阳县，后改籍三原县。生于清光绪五年（一八七九年），卒于一九六四年，年八十六。

　　他二岁丧母，以家计无着，父觅食外省，赖伯母抚育。幼年曾牧羊，刻苦力学下，二十五岁时，中式为举人。他富革命思想，愤清廷丧权辱国，时作诗文讥评之，为当路所忌，乃亡命上海。后于吴淞创办复旦公学，并赴东京加入"同盟会"。回国后，办《神州》《民呼》《民立》等报，鼓吹革命甚力。以言论激烈，曾两度入狱。辛亥革命成功后，任交通部次长。又因愤军阀祸国殃民，组织"靖国军",响应护法。北伐成功后,历任国民党政府审计部部长、监察院院长等职。

于氏工诗,擅长书法,俱卓然成家。书法尤知名,首创"于右任标准草书",被誉为"当代草圣""近代书圣""中国书法史三个里程碑之一",是堪与王羲之、颜真卿鼎足而三的近现代伟大的书家。其行楷疏宕起伏,草书大气磅礴而充满狂意,且寓拙于巧,融大草、小草以及章草于一炉,体圆笔方,神灵如飞,笔笔遒劲,号称"于体"。名书法家启功撰诗赞誉,诗云:"此是六朝碑,此是晋唐草。力透纸背时,笔端无纠绕。壮士百手心,诗怀证苍昊。未登展览堂,谁能识斯老。"可谓推崇备至。

于老晚年时,草书上的造诣,更是出神入化,堪称字字奇险,绝无雷同之处。时呈平稳拖长之形,时而作险绝之势,时而与主题紧相粘连,时而纵放宕出而回环呼应,雄浑奇伟,潇洒脱俗,简洁质朴,予人仪态万千之感。又,其笔笔随意,字字有别,大小奇正,无不恰到好处。而结体重心低下,用笔含蓄储势,望之浑然天成,正是他所倡导标准草书"易识、易写、准确、美丽"的具体实践。以简驭繁,从容不迫,挥洒自如,炉火纯青,当今之世,舍君其谁!

有人评于老的字,说:"有的沉静如处子,有的飞腾如蛟龙,有的勇猛如武士,有的圆美如珠玉,有的苍劲如奇峰,有的柔回如漪波,有的憨态逗人迷,有的痴态使人醉,有的跃跃欲起飞,有的如瀑布直流,有的如野马狂奔,有的如古树悬空……每一个字,莫不神化。"此言深合我心,能得此评价,乃不虚此生。

于老过世后,郑曼青赠以挽联,足以概其平生。联云:

创标准草书，传惊人之句；

因革命而起，竟尽瘁而终。

而在食事方面，于右任可记之处甚多。据食家唐鲁孙的说法，于的家乡三原，"一般人总认为陕西地处边陲，风高土厚，讲到吃，不过是大锅盔、牛羊肉泡馍一类粗吃……无论如何比不上南馔珍味"。但三原的上等酒席，各有独特之秘，例如"天福园"的"海尔膀"，其实就是"冰糖肘子"，其烂如泥，入口即化；"宾和园"的"白凤肉"，用花椒盐水焖烂，很像镇江的肴肉，以此夹马饼吃，肥而不腻，颇能解馋；"荟芳斋"专做素席，纯粹净素，茹素者可放心食用。而迎接新姑爷回门，席面上四海味、四冷荤、四干果，桌子正中，则放着径尺空盘子，入席之后，除四干果外，一起倒入其内拌搅飨客，号称"十三花"，众香四溢，其味醇美。以上故乡之食，于应都尝过，但有道"搅瓜鱼翅"，倒和他有直接关系，值得一提。

原来"明福楼"有道拿手菜，叫作"搅瓜鱼翅"，据其掌厨的张荣说，把搅瓜（注：又名金丝瓜，主产于长江口的崇明岛）擦成透明的细丝，名字叫鱼翅，实际上是搅瓜丝，素菜荤烧，再一勾芡，谁也不敢说不是鱼翅。这是于右任的亲授，后来渐渐流广，一般人家也有这道素鱼翅吃了。由此亦可见于老精于饮馔的一斑。

平日爱吃面食的于老，某日同仁投其所好，请他到家吃拉面，并事前再三交代厨师，要做得好一点，以博贵客欢心。厨师抖擞精神，使出浑身解数，端出来的拉面，根根细如银丝。于老边吃边说："好！好！"但同时问："有没有粗一点的？"

厨师依言改上如灯芯般粗的面，他吃一口，又说："好！好！"但还是问："有没有粗一点的？"厨师再换来似韭菜叶粗的面。于仍旧问："可更粗一点吗？"最后送来的面，比皮带还要粗。结果他登时大喜，一口气吃了两大碗。

事后，该厨师没好气地说："这明明是乡巴佬吃的嘛！有什么手艺可言呢？"

原来又称拽面、抻面和扯面的拉面，其制作过程中，凡双手握住条状面胚两端，提起在案板上揉打，并顺势拽拉变长，接着对折并两手上下抖动，左右抻拉变长，如此不断对折、抻拉，每对折一次，称之为一扣，面条越抻越细。一般而言，八扣称"一窝丝"；特别考究的，则九到十一扣，称之为"龙须面"；而最常见的，乃"把儿条"和薄、扁的"韭叶"；如果再粗一些，就是"帘子棍儿"。此外，尚有大宽（波浪）、中宽（皮带）之分，形状近于片儿面，口感筋道有嚼劲，最对于老胃口。

萝卜、青菜，本就各有所爱。于老特爱吃有嚼劲的面，牙口应该是不错。

还有个轶事，很值得一提。原来某日，他应邀参加一个餐会，酒足饭饱之余，主人拿出纸笔，请他题字留念。此时他已酩酊，便糊里糊涂写下"不可随处小便"六个字，然后告别离去。

第二天，主人登门造访，并将此"墨宝"携去请教。于右任见状，知道是自己酒后失态，赶紧向对方致歉，接着沉吟半晌，取出剪刀剪字，重行排列组合，乃笑着表示："你瞧瞧，这不是很好的座右铭吗？"

主人定睛一看，发现原书已变成"小处不可随便"，顿时发出笑声，持书拜谢而去。此事传为士林美谈。

于右任爱食北馔，他在南京任上时曾为清真名馆"马祥兴菜馆"题了招牌，这是当时南京市首屈一指的餐馆，其四大名菜，为"美人肝""松鼠鱼""凤尾虾"和"蛋烧卖"，另有"胡先生豆腐"等佳肴。于老位居要津，免不了要应酬，这些菜全尝过，自在情理之中。

据有"金陵厨神""厨王"称号的胡长龄回忆，一九三四年秋，此时他在夫子庙"金陵春饭店"掌勺，少帅张学良订了四席"燕翅双烤席"，这是典型的"京苏大菜"。其菜式为：先上四花盘、四鲜果、四三花拼、四镶对炒，接着的大菜，则有"一品燕菜""黄焖排翅""金陵烤鸭""麒麟鳜鱼""菊花蟹盒""蜜制山药""砂锅菜核"等。另，甜点为"萝卜丝酥饼""四喜蒸饺""枣泥夹心包"和"冰糖湘莲"四道。

赴宴者有国民政府高官林森、邵力子、于右任、吴稚晖等人，为示隆重，餐具全用纯银制成。席罢，张学良最欣赏"金陵烤鸭"，夸赞其酥、香、脆、嫩兼备。这道菜我曾在"金陵大饭店"品尝过，确有不凡之处。但我比较好奇的是，于老尝了此席美馔，不知最喜欢的是哪一味？

于右任迁台后，公余之暇，寄情翰墨，尤致力于编撰《标准草书》，也曾笔墨应酬，题字店家。其中有一山西老乡开的小油醋行，请他题写店名，此即是"鼎泰丰"。他万万没想到，在身故数十年后，这个蕞尔小店，已成餐饮集团，扬名于全世界，其招牌的"小笼汤包"，更是有口皆碑。

而在饮食方面，他仍情钟北馔，最常去赏味的，首推"会宾楼"。此楼初设于上海,迁台后初设于西宁南路,后转往中华路,大厨为王鸿广。店内既有北方大块文章,也不乏精致小品。其"酱大蹄""红烧海参""烧子盖""菊花鸡""烩乌鱼蛋""白切羊肉""醋椒鱼"及"炒肉丝拉皮"等,一直脍炙人口。

于的朋友某君,食其"糟蒸鸭肝"而甘之,特地邀他一尝为快。食毕,于老认为味道还不错,鸭肝却稍粗了些,并言明:一个饭店,能烧得三道好菜,就已是好馆子了。很多人将此奉为圭臬,其影响至今不歇。

于老有两大食事,掀起了莫大波澜,在民国的饮食界,始终占一席之地。其一是与一代名厨李芹溪相交,其二是误认"斑肝汤"为"鲃肺汤"。后者尤风起云涌,吸引多人"朝圣",我亦其中之一。

李芹溪为陕西蓝田人,曾向舅父学厨,天资加上努力,十六岁即可独当一面,操办普遍宴席。他不以此自满,为了提升技艺,先后在陕西、甘肃、北京等处,拜当地名厨为师,时间长达二十年,遂通晓华北名馔,终成为一代大家。

庚子之变,慈禧西狩,避难西安。他由于厨艺高超,被征入行宫事厨。所烹菜肴多款,迭受慈禧夸奖,曾赏赐一幅其亲笔的"富贵平安",时人以为殊荣。此时,他在秦菜炖鱼技法的基础上,自创"奶汤锅子鱼"。其以滋味绝佳声闻远近,不但成为西陲首席名菜,日后在文人的品题下,更被称为"西秦第一美味"。

辛亥革命前夕,李参加"同盟会",在武昌起义时,曾率一批青年厨师,随军奋勇杀进西安,有"铁腿钢胳膊的火头军"之誉。民国肇建后,国民政府派他任渭北税务局长,但他坚辞不就,只愿开办菜馆。他开办了"曲江春餐馆",并主理其厨务。待于返回陕西，主持"靖国军"时，二人结为好友。精于饮馔的于右任，觉其本名李松山不雅，乃为他取名芹溪，号泮林，品其亲炙的佳味特多。

李芹溪最拿手者为汤菜和燕菜。他善用鸡骨架、大骨头等荤料制汤，并杂用豆芽、大豆、金针菜等素料，在综合运用下，吊出极鲜汤味。此已成为今日主流。其所擅佳肴极多，除"奶汤锅子鱼"外，尚有"汤三元""汤四喜""清汤燕菜""温拌腰丝""煨鱿鱼丝""氽双脆""炸香椿鱼""金钱酿发菜""酿枣肉"和"葫芦鸡"等。尽管好菜不少，但论于的最爱，则非"温拌腰丝"和"煨鱿鱼丝"莫属。

而将"斑肝汤"误认为"鲃肺汤"，这个误会可大了，非但打响此汤的高知名度，同时引领风骚，诱使不少知味识味之士慕名前往。我亦慕名来到位于苏州木渎的"石家饭店"品尝。可惜现在店里已用养殖的鱼，滋味非比当年。

原名"叙顺茶馆"的"石家饭店"，创于清光绪年间，一直烧些乡土菜，刀火得法，滋味不俗。没想到它默默无闻数十年后，居然在一九二九年秋，红遍大江南北。说起来有意思，算是机缘凑巧。某日，于右任应李根源之邀，泛舟太湖。赏桂归来，系舟木渎，就食"叙顺"。于老喝了店主亲烧的鱼汤后，但觉口齿溢香，微醺而问其名，堂倌用吴语，回称"斑肝汤"。于老将"斑鱼"听成是秦腔的"鲃鱼"，且把鱼肝（形如肺状）误作鱼肺，一时诗兴大发，即席赋诗二首，第一首尤知名。

其一为："老桂花开天下（一作十里）香，看花走遍太湖旁。归舟木渎犹堪记，多谢石家鲃肺汤。"

其二为："夜光杯酤郁金香，冠盖如云锦石庄。我爱故乡风味好，调羹犹忆鲃肺汤。"

第一首诗的特别之处，在鱼名与内脏两误，自然造成话题，引发一番笔战，骚动文坛食林，迄今议论纷纷，遂使这款研发自青楼的"庄户菜"，一举成名天下知。想一尝为快的甚多，但往往受限于季节，多数人快快而返。

那时"叙顺茶馆"的老板兼主厨名石安仁，外号"石和尚"，他何其有幸，既得到于老的题诗，又获东道主李根源（注：曾是"同盟会"会员，朱德元帅的座师，曾担任北洋政府的农工总长，一度兼署国务总理。退休后，乃栖隐苏州，寄情湖光山色间）"鲃肺汤"的题字，李并亲书了"石家饭店"这个新招牌。

当年苏州的"石家饭店"，不论是"鲃肺汤"还是"鲃肺羹"，均鲜美绝伦。羹香郁，汤清鲜，各有其美，而汤尤知名。名学者费孝通尝毕，誉之为"肺腑之味"，并书横幅，置饭店内。只是斑鱼的上市时间甚短，在中秋前后，想大膏馋吻，须及时受用。食家唐振常，曾于隆冬时节光临，店内无此汤供应，欲食之而不得。后逾四十寒暑，仍未得品其味，乃他此生一憾。又，另一食家逯耀东最后一次赴"石家饭店"时，亦因"鲃肺勿当令"，"听了颇怅然"。

我第一次去"石家"，就食了"鲃鱼汤"，觉得并不出众，后知鱼不是"野生"，不觉若有所失。这比起未尝到来，恐怕更加让人扼腕。我因难得到此，是以店家名菜，无不点来品享，桌上满满十道，但我较欣赏的，只有"酱方"而已。

于老暮年思乡情切，辞世前两年，曾作自挽歌。词云：

葬我于高山之上兮，望我大陆。

大陆不可见兮，只有痛哭！

葬我于高山之上兮，望我故乡。

故乡不可见兮，永不能忘！

天苍苍，野茫茫，

山之上，国有殇！

其墓园有联云：

革命人豪，耆德元勋尊一代；

文章冠冕，诗雄草圣足千秋。

另杜召棠有一挽联，真切有味，特录之如下：

名以草书传，每当绝壁危崖，获仰如椽大手笔；

功于简史见，到处田夫野老，侈谈开国美髯公。

于老除以书法和诗著称外，他的长须与张大千齐名，亦为人所津津乐道。某年生日，罗家伦曾以一诗为寿，诗云："一枝大笔振东南，一枝手杖定西北。青鞋布袜美髯公，神仙有你才出色。"颇能道出这位美髯公长须飘拂，犹如神仙中人的风姿，可谓善诵善祷。

而于老为了保护胡子，每晚临睡，必将长须用一锦囊装好，挂在胸前，以免在睡觉时，把胡子压坏了。有一次，有人问他睡觉时，胡子放在被里，还是放于被外，他竟答不出来。第二天，于老告诉家人说："昨晚一夜未成眠，平日是髯我相忘，给别人这么一问，不知如何是好，以致辗转失眠。"这个故事有意思，以此当本文之殿。

后　记

于右任在《标准草书》第七次修订本中，题一首《百字令》，冠于是书之首。词曰：

> 草书之学，是中华民族自强工具。甲骨还增篆隶，各有悬针垂露。汉简流沙，唐经石窟，演进尤无数，章今狂在，沉埋久矣谁顾？

> 试问世界人民，寸阴能惜，急急缘何故？同此时间同此手，效率谁臻高度？符号神奇，髯翁发现，秘诀思传付，敬招同志，来为学术开路。

其用心之苦，宛然可见。

林语堂饮馔好尚

在中国传统的礼教中，幽默至为难得，与西方大不同。而林语堂则不同，他与萧伯纳齐名，赢得"幽默大师"称号，也有人称他是"中国的萧伯纳"。一九三三年春，萧到上海访问，林曾上船接他。林对萧说："这里连着几天，都是大风大雪，到今天才放晴，你老兄有福气，一来就见到太阳。"萧则笑笑着说："还是太阳有福气，能在上海见到我。"两人都够幽默，才能彼此调侃。

林曾在他的自传里，道出他撰写幽默文章的动机。他指出："我写此项文章的艺术乃在发挥关于时局的理论，刚刚足够暗示我的思想和别人的意见……但同时却饶有含蓄使不致身受牢狱之灾（按：此时正值北洋政府主政）。这样写文章无疑是马戏场中所见的在绳子上跳舞，亟须眼明手快，身心平衡合度。在这个奇妙的空气中，我成为所谓幽默或讽刺文学家。"

林语堂为福建省平和县坂仔村人，据其二女林太乙的回忆：

"……我们却认为我们是厦门人，因为母亲是厦门人。她给我的印象是，唯有厦门人才靠得住，而最靠得住的莫如住在厦门对面鼓浪屿漳州路一百二十号（现在改为四十四号）花园洋房里的人。那是外公廖悦发的家，是母亲一切智慧的源泉。"

是以一九七四年十月十日，林氏伉俪八十双寿，共有十个文化团体参加其在台北举行的祝寿茶会。席上林语堂致辞说："我和夫人的长寿，与幽默有关。"并解释："幽默不是滑稽，幽默是现实的，也是庄谐并重的，幽默的发展和心灵的发展是并重的，因而幽默是人类心灵的花朵。"

林夫人廖翠凤，上海圣马利女中毕业，出生自旧礼教家庭，自幼学习女红和烹饪。至于毕生讲究生活艺术的林语堂，生于一八九五年，一九七六年逝世，毕业于上海圣约翰大学，系美国哈佛大学硕士、德国莱比锡大学博士。他学贯中西，对中国的古文学、哲学等，均有深入研究，晚年为了向外国人介绍中华文化，多用英文写作。

口福不浅的林语堂，文如其人，撰写食经之类的文章，不脱幽默本色。对英国人不懂美味、没有吃的文化，他屡加以讽刺。他曾说英国的文字里，缺乏和美食有关的名词，不得不将法国字照搬过来，借以混充场面。

林语堂举例说，法文"Cuisine"，解为烹饪，早就被英国人照搬照用，他们的祖家语言为"Cooking"。法文"Chef"，解为厨师，英国依样引进，祖家语言只有"Cook"，可解释成伙夫或厨子，实对大师傅不敬。法文"Gourmet"，作美食家解，英文原本无此，现已收录于英文字典内。

在林著《中国人的饮食》一文中,他认为中国菜世界一流,此固无可置疑,但西方人不愿意学习。推敲其中原因,在于中国的枪炮不够犀利,即弱国的东西,不值得学习。西方人心高气傲,心态可议,殊不足取。

文章接着说:"然而,在中国建造了几艘精良军舰,有能力猛击西方人的下巴之前,恐怕还做不到。但只有那时,西方人才会承认,我们中国人是毋庸置疑的烹饪大家,比他们要强得多。不过,在那个时候到来之前,就谈论这件事,却是白费唇舌。"显然他不认同白人至上的傲慢主义。

最后,该文点出,中国的饮食文化,是吃出来的学问。由于中国人口太多,粮食不够供应,只能吃杂粮杂食,渐渐吃出美味。例如螃蟹,就是吃出来的。而"东坡肉""江豆腐"等,也是不朽之作。

关于此点,他在《一个素食者的自白》中表示:"欧洲人是把肉各自单独的煎好了,把萝卜单独的煮好了,才把它放在一只盘子里的!"如此拼凑在一起,当然单调乏味,他因而特别推崇"笋烧肉"和"白菜煮鸡"这两道菜,认为经动、植物食材的结合,才会出现真正的好味道。

他曾提出享用"组织肌理"的概念,认为竹笋之所以深受人们的青睐,主因是嫩竹笋会给牙齿一种细微的抵抗。品鉴竹笋自然是辨别滋味的好例子,它不油腻,并有一种神出鬼没、难以捉摸的品质。"不过,更重要的是,如果竹笋和肉煮在一起,会使肉味更加香浓……另一方面,它本身也会吸收肉的香味。"故"笋烧猪肉是一种极可口的配合。肉借笋之鲜,笋则以肉而肥"。幽默大师如是说。而此一观点，实与李渔在《闲情偶寄》一书所说的，用笋配荤，非但要用猪肉，且须专用肥肉，盖"肉之肥者能甘，甘味如笋，则不见其甘，但觉其鲜之至也"，可谓不谋而合。

林语堂认为："如果你没有吃过白菜煮鸡，鸡味渗进白菜里，白菜味钻进鸡肉中，你不会知道白菜的美味。根据这个味道混合的原则，可以烹调出许多精美可口的混合菜肴来。"他所提之"白菜煮鸡"，和次女林太乙在《女王与我》一书所提略有出入，因为她举出母亲的拿手好菜，第一个便是"白菜熬肥鸭"。

这道菜林家人都爱吃。做法是用一大颗山东白菜，把菜帮子一叶叶铺在锅底，"鸭子放在白菜上，加几片姜一些盐，再把白菜一叶叶盖上，加些水，不要太多，因为要靠白菜熬出来的汁炖肥鸭。盖好盖子，使用文火熬数小时。白菜渐渐变软，再铺些上去，用肥鸭熬出来的油淋上，再炖，炖到鸭子烂得用筷子轻轻一拨，肉和骨头便拆开，就好了。原锅上桌，白菜吸收了鸭汁、鸭油，鸭子吸收到白菜的甘香，入口即化，原汁原味"。写得巨细靡遗，足见其喜爱程度。至于她"这时才知道，所谓齿颊留香，真有其事。香味可以留几小时，连打嗝儿都是香的。肚子快活得会唱歌"。且不管是煮鸡或熬鸭，其欢欣之情，跃然纸上。

林曾说："食是人生少数真乐事之一。"认为"中国人对于快乐境地的观念是'温暖、饱满、黑暗、甜蜜'——指吃完一顿丰盛的晚餐上床去睡的情景"。所以有一位中国诗人说："肠满诚好事，余者皆奢侈。"林氏对中西烹调的差异，有其真知灼见，兹举其荦荦大者。

他认为欧美的烹调法中，有极显著的缺陷。其在"饼类点心和糖果上，一日进步千里，但在菜肴上则仍是过于单调，不知变化"，且"只知放在水中白煮……总是煮得过了度，以致颜色黯淡，成为烂糟糟的"，菜肴遂"缺乏花色"。而在汤类方面，其花色稀少的原因，不外乎"不懂拿荤素之品混合在一起烹煮"，"不知尽量利用海产"，于是滋味逊色，自在情理之中。尤其是西方的厨师们，不太懂用干货，像干贝、虾米、冬菇等，来吊味提鲜，滋味当然大有成长空间了。

林氏夫妇亦穷治食经，特别精研袁枚的《随园食单》，并受益匪浅。三女林相如为哈佛大学博士，曾主修生物化学，受到他们启发，常和母亲共同研究《随园食单》，并亲自做试验，以证明袁所写的看点，是否得味或好味。此研究结果，母女合作用英文撰写了一部美食专著——*Secrets of Chinese Cooking*，可翻译成《中国烹饪之秘》。

廖翠凤女士的招牌美味，除"白菜熬肥鸭"外，尚有"清炖鳗鱼"、"蒸螃蟹"、炒米粉、菜饭和肉松等多种。处理鳗鱼时，费工且麻烦，须先以粗盐用力擦去鱼体表面的黏液，再用热水冲洗，必须连续几次，才能清洗干净。接着切鱼成小段，姜亦切丝，一起放在锅里，加水以文火炖。不需多久时间，鳗鱼汤即烧透，加上盐、胡椒粉、芫荽，即可端上桌来。

此际"扭开一瓶天津五加皮，在碗里加几滴色泽棕红的酒，芬芳扑鼻"，林语堂便"笑容满面地吃起来"。鱼皮嫩滑无比，鱼肉细嫩柔润，汤面星点油珠，看了就惹人垂涎。且鳗鱼越肥壮，肉便越细嫩，越香郁扑鼻。

林太乙对于"廖家肉松"之又香又脆又耐放，心折不已，以极品誉之，认为比"福州仔"所制的尤佳。其实，福州上好的肉松，已有百余年历史。其中的"鼎日有"，曾于一九一五年参加巴拿马万国博览会评比，获得金质奖章，蜚声海外，以"既爱油酥又喜香"著称。

食家萨伯森对其色泽鲜艳、颗粒均匀、香甜酥松、油而不腻、入口自溶、佐餐特佳的特点，给予至高评价，曾戏作一首《肉绒歌》，云："鼎日有，鼎日有，佳制肉绒真可口。可佐饭，可下酒，盛名不胫走。食品之中一魁首，而今名存实已亡，却算名牌垂不朽。"名店没落，逊于家厨，可以理解。另，福州人擅制肉松，早年台湾如艋舺、府城等地，每用重金礼聘好师傅来，流传美味迄今。

厦门廖家尚有一绝活，即做春饼。春饼又称润饼，《林家次女》一书则名"薄饼"。在林太乙笔下，认为它最好吃，"厦门人过年，做生日，家人团圆，都以薄饼款待客人"。其皮购自市场，包薄饼的料子，有"猪肉、豆干、虾仁、荷兰豆、冬笋、香菇，样样切丝切粒炒过，再放在锅子里一起熬。熬的工夫很重要，料子太湿，则包起来薄饼皮会破，太干没有汁，也不好吃，太油也不好。熬得恰到好处，要几个小时"。而在享用时，"桌上放着扁鱼酥、辣椒酱、甜酱、虎苔、芫荽、花生末，还有剪成小刷子般的葱段，用来把酱刷在薄饼上"。其事前的准备，不可谓不费工。

在包好之后，一口咬下去，有"扁鱼的酥脆，花生末的干爽，芫荽的清凉，虎苔的甘香，中心的料子香喷喷，热腾腾，湿湿油油烂烂，各种味道已融合在一起"，吃来实在过瘾。林语堂全家都爱吃。因而位于台北的"林语堂纪念馆"，每年都比赛或品享此饼，蔚为一时盛事。

萨伯森《垂涎录》云："闽南人更重春饼，其馅用品多至二十种，真是所谓'翠缕红丝、备极精巧'矣。"并赋诗一首，云："到任桥边春饼优，豆芽笋缕结良俦。白真如雪圆如月，却喜新年益畅售。"再观看一些前人诗篇，其料尚有芽菜、韭黄、青蒜、海蛎、蛋皮等，此比起廖家的薄饼来，应更美味可口。我亦爱吃春饼，家母极擅长此，在不计成本下，将三十余种料，分炒成十余盘，镬（锅）气一流。但吾家并不"熬"，而是自行分装皮内，在口中融众味，其美妙处，堪称至味。

又，林语堂与名画家兼美食家张大千友谊深厚，不时小聚，共尝美味。某日，张大千自巴西抵达纽约，直趋林家。林语堂留膳，夫人亲自下厨，制作"红烧大鱼头"等多款美食，三女也亲炙"煸烧青椒"，齐献四川嘉宾。大千食之而甘，尽饮花雕二瓶，林不嗜酒，小饮陪客。

而好客的张大千，回请语堂全家，设宴于纽约"四海楼"。此为当地首屈一指的川菜馆，主厨政的娄海云，曾在张大千府上担任家厨。旧主人来做东，他打起全副精神，好菜源源不绝。席上的"鲟鳇大翅"，乃大千先生的最爱，系以极品的鱼翅，慢火整天熬成，滋味不同凡响。另亦上"川腰花""酒蒸鸭"等拿手菜。语堂食罢，大赞精彩。

而位于台南的"阿霞饭店"，起先是卖"香肠熟肉"，因为真材实料、色香味俱全，招致不少食客。且那亲选亲炙的乌鱼子，亦赢得食客欢心。不过，使其声名大噪，进而博得饕客称赞的，则是"红鲟米糕"。这款福州佳肴，一整盘端上桌，需用两只红鲟。

红鲟精挑细选，只只肥硕，个大结实，在声势上自然高人一等。其米糕的做法，则与一般无异：将上等的糯米炊透，和爆炒过的虾米、香菇、赤肉等拌匀，再将蟹黄饱满的红鲟生切，搁在米糕上同蒸。由于选料精，火候足，乃把蟹甘香、饭滑糯完全呈现出来，享用者无不大为欣赏。林语堂更在品尝之余，亲自撰文推荐，遂使该店大名远播，凡到府城者，必一尝为快。

林语堂在海外时，有次去邻居家做客，把他的幽默，进一步发挥。其妙语如珠，实在有意思。

原来纽约的邻居阿当太太，有年感恩节时，请林语堂一家人到她家吃火鸡。林一听吃火鸡就叫苦，因其肉又粗又老。他们一起去阿当太太家，此时她在厨房"大忙特忙，搅番薯泥，拌生菜沙拉"，但林是"不折不扣的炎黄子孙，不吃生菜，不吃番薯，不吃三明治，每餐必须是面或饭"。

阿当太太打开烤箱的门，拉出一个大火鸡。在它身上插一根试热针。

"怎么？火鸡生病了？"林语堂问。

"一百二十度不行，不行。"阿当太太说着，又把火鸡推入烤箱。林则小声对孩子说，"病入膏肓，不可救药了。"

然而，阿当太太仍然死鸡当活鸡医。不久，又把火鸡拉出来试温。结果是一百八十度，她便宣布"好了！"，一下淋热油，一下淋汤汁，"火鸡冒出大烟。终于，她把火鸡搬到盘子上"。

林语堂这时说："不必再试体温啦？"

"不必了，一百八十度表示它熟了。"阿当太太说。

原来如此！接下来则是：

"阿当太太站着，手持长刀开始切火鸡，分来两片干巴巴的白肉，我们已经知道洋人以鸡胸为贵，我们却爱吃鸡腿，所以没有觉得奇怪。只见阿当太太从鸡腹里，掏出一团团的湿面包。爸爸用叉子在面包团里乱戳。"林太乙这么描述，看起来很写实。

"你在找什么呀？"阿当太太问。林回答："鸡腰。"她则回说："鸡是没有腰的。"

林语堂好整以暇地说着："我是指睾丸，美其名为鸡腰。中国人一盘'蘑菇炒鸡腰'，是再好吃没有的了。"

阿当太太有点生气地说："那东西是没有的。火鸡买回来时是干净的。"林语堂笑称："何谓干净？何谓脏？见仁见智。"并举例说："我在旧金山渔人码头，看见人卖煮熟的大螃蟹。问：'螃蟹里有蟹黄吗？'答：'没有，这些螃蟹是干净的。'我真的看见他们用水管把蟹黄冲洗掉，那是我来美之后的一大震撼。"

阿当太太听罢，以后没再请林家的人吃饭。而在回家之后，林语堂嚷道："我肚子饿。我想吃红烧猪脚、炒腰花、砂锅鱼头。"

由此可看出中西饮食好尚及文化的差异，而林语堂的幽默以对，字里行间，处处可见。

林不怎么喝酒，但是烟瘾很大。他曾比喻自己是伊壁鸠鲁信徒，爱享乐生活，而不拘于凡俗形式，有话想说就说，想笑就笑。对于戒烟，他有套歪理，听听就好，不必认真。

他表示："当我们想象一位瘾君子短期戒烟，当时六神无主，颓丧恍惚的神情，我们才能充分体会到抽烟在精神上、文学上、艺术上各方面的价值。凡是抽烟的人，大多犯过一时糊涂，立志戒烟，跟烟魔搏斗，一决胜负。后来跟自己幻想中的天良斗争一番才醒悟过来。我有一次也糊涂起来，立志戒烟，经过三星期之久，才受良心谴责，重新走上正道来。我这套烟的理论是万古常新永久不变的。咱们既然彼此意见相同，希望坚此信念发扬光大。"（以上见唐鲁孙《中国吃·与林语堂一夕谈烟》）

末了，林语堂在《烟屑》里，谈到"作文有五忌"。他指出："前夜睡不酣，不可为文。上句写完，下句未来，气已尽，不可为文。文句不出我意料之外，不可为文。精神不足，吸烟提神而仍不来，不可为文。心急，量窄，意酸，亦不可以为文。"此与宋人谈写作的"三上"之说，可以互为表里。（按："三上者，马上、枕上、厕上也。"）此"三上"，皆寓有悠闲自适、从容不迫的心境，正是写作诗文的理想时刻。它和"五忌"一旦配合，绝妙之诗文，或许已呼之欲出矣！

袁寒云倜傥风流

　　传承同样基因，关系则是父子；虽然食色性也，两人却大不相同。父亲做"皇帝梦"，儿子是大名士。乃父勤于政事，在吃上用心思；公子韵事频传，一向诗酒风流。他们不是别人，父亲为袁世凯，儿子则是袁克文。

　　袁世凯，字慰亭，号容庵，河南项城人。此地近安阳，二〇一二年秋，我在安阳参观完"中国文字博物馆"后，即趋车用晚餐。饭店为"聚宾楼"，其从开店至今，已逾一个半世纪。当袁在天津小站练兵时，每届秋操完毕，即在此宴请各国驻清公使馆的武官，遂成名餐馆，虽数易其址，仍为人称道。其肴点颇可口，顿觉别开生面。

　　其名点之一的"三不黏"，据父老们说，是由袁世凯带到北京名店"广和居"的。当年春，我赴北京，曾在"同和居"（其前身为"广和居"）享用过，制法略有不同，但出锅不黏勺、装盛不黏食具及食时不黏牙则如一，都色、香、味俱臻上乘，是以印象深刻。

袁的食量极大，奉行"能吃才能干活"的信条，常把"要干大事，没有饭量可不行"挂在嘴边。他也要求子女们多吃，以成大器。他担任民国政府大总统期间，袁府于每周日，全家一起用餐，此为例行公事，也从未间断过。

此公特爱吃蛋，尤其是吃鸡蛋。其数量之多，远超过常人。《清稗类钞》有则"袁慰亭之常食"，写道："而又嗜食鸡卵，晨餐六枚，佐以咖啡或茶一大杯，饼干数片，午餐又四枚，夜餐又四枚。其少壮时，则每餐进每重四两之馍（馒头）各四枚，以肴佐之。"

天哪！每天要吃十四颗鸡蛋，真真不可思议。其实，这还算小意思。张仲仁（1867—1943）著《古红梅阁笔记》中，有一段记述袁世凯食量兼人，那才叫可观哩！

该文略云：袁氏天禀，有大过人者。一日，晨起，召余商公事，问已食否？答以已食。乃命侍者进早餐，先食鸡蛋二十枚，继又进蛋糕一蒸笼，旋讲旋剂食皆尽。余私意此二十鸡卵、一盘蒸糕，余食之可供十日，无怪其精力过人也。

张担任袁世凯的幕僚甚久，所言当可信。只是袁的早餐，居然能食鸡蛋二十枚并食蛋糕一蒸笼，食量之大，殊骇人闻听也。

吃鸡蛋的好处多多。鸡蛋虽含有大量的胆固醇和脂肪，但亦有卵磷脂和蛋固醇，能延缓并阻遏其势，甚至可相抵而有余。尤可贵的是，蛋黄中丰富的胆碱，会和脑组织中的乙酸起反应，产生乙酰胆碱。此为神经系统中传递信息的化学物质，含量越高，则信息传递越快，留驻在大脑皮层的"印象"，因而越深，记忆力自然越强。另,《本草备要》云:"鸡子,甘平,镇心安五脏,益气补血……"袁能敏于政事,推动各项"新政",食鸡蛋应有莫大之功焉。

袁亦爱食填鸭。此鸭颇不寻常,因为"豢此填鸭之法,则日以鹿茸捣屑,与高粱调和而饲之"。吃得如此之"补",其身强力健,可以知之矣。

当杨度等发动筹安,拥袁称帝前,张季直(謇)曾向袁探询,劝他做中国的华盛顿,不要效法法国的路易十六。袁极力否认,但表示赞同美人古德诺的君主立宪,君主可就朱明后裔中,择一贤者承担,即如浙江都督朱瑞(字介人),也可以研讨。张闻言大笑,随即反讥说:"朱介人可以做皇帝,难道那唱小生的朱素云,不也可以君临天下吗?"这话后来传了出去,方惟一便写首诗,送给朱素云,云:"历数朱苗到汝身,都城传遍话清新。不须更说华胥梦,漳水潇潇愁煞人。"

世凯万万没有想到,二公子袁寒云好戏成癖。一九一七年冬间,河南水灾,北京各界发起演剧义赈,寒云与韩世昌串演《长生殿·惊变》。时冯国璋(袁的旧部,时以副总统代理大总统职)秉政,以世凯新丧,颇不欲这二公子粉墨登台,演出之夕,特遣副官驾车延寒云入府,意欲阻他登台。这副官找到寒云,寒云问:"他干吗请我?今儿晚上我要参加豫剧演出的事,他知道不知道?"副官说:"知道,总统和夫人(注:即周道如,名砥,曾为袁家女教师)提起二爷呢!"寒云顿悟,乃变色道:"请你给我回一回,我不去啦……我唱我的,他管得着吗?"最后仍未前往。

寒云的戏癖尚不止此。又一天,他在北京宣武门外的江西会馆，彩串昆剧《状元钻狗洞》；同日，红豆馆主溥侗，则唱乱弹《连营寨·哭灵牌》。毛壮侯闻之，为撰一联："公子寒云煞脚无聊钻狗洞；将军红豆伤心亡国哭灵牌。"所谓煞脚，意指末路。徐凌霄以专电拍致《上海时报》登载，寒云见报后，还为之拊掌，并不以为忤。

袁克文，字豹岑，又字抱存，号寒云，又号龟庵主人。生于清光绪年间，出生地为朝鲜的汉城（今名首尔）。他的母亲金氏将分娩时，恍恍惚惚中，梦见大斑豹投入怀抱，一惊而醒，遂生下袁寒云，故初名为文，字豹岑。

金氏为袁世凯的第三如夫人，和第二如夫人李氏、第一如夫人吴氏，都是朝鲜望族，亦为其国王李熙所赠。

在袁的诸子中，克文才气最为横溢，与易实甫、樊樊山等名士，时有唱和之作。易实甫（易顺鼎，龙阳人，外号龙阳才子）遂称他为陈思王——曹（操）家的老二（曹植）。

曹植（字子建，少善诗文，在建安作家中，其影响最大，亦最受人推崇，封陈王，谥号思，后世称陈思王）文采斐然。有"天下才共一石，曹子建独得八斗"之称。袁和他二人并称，除身世外，诗酒风流，亦足相衬。是以袁病故后，朱奇挽寒云之联，颇为人称道。联云：

> 上拟陈思王，文采风流，岂止声名超七子；
>
> 近追樊山老，才人凋谢，愍如姓氏各千秋。

按："七子"是指汉末号称"建安七子"的孔融、陈琳、王粲、徐幹、阮瑀、应玚、刘桢。而"樊山老"指樊增祥，号樊山，先寒云死仅数日。

而"李白型"的名士，放眼近代人物中，袁克文最为人们所推崇。当世凯帝制失败，气死新华官后，一般的说法，寒云的生活颇为潦倒，靠卖字鬻文为生，于四十二岁当年，患猩红热死去，据说死后无以为敛，靠朋友替他料理后事。其实，他虽潦倒无俚（即无聊赖，无寄托），但以醇酒妇人自晦，应属别有怀抱，绝不同于一般的纨绔子弟。另，他壮年在上海参加青帮。旧上海对这些帮会中人，有称之为"侠门"。于是陈诵洛的挽联云：

> 家国一凄然，谁使魏公子醇酒妇人以死？
> 文章余事耳，亦有李谪仙宝刀骏马之风。

按：魏公子即信陵君魏无忌，谪仙则是诗仙李白。陈的挽联中，何以将寒云和"亦狂亦侠"的李白相比肩，此为所本。

原来贝扬所著的《袁世凯家族概略》，在写袁克文时，指出：他"在上海参加青帮，是'大'字辈，在青帮里地位很高。帮会里面的各种人，都在他家里出出进进。他自己不事生产，没有收入。徒子徒孙都给他送钱。他家是四楼四底的楼房，每天每餐开几桌筵席，无论他本人在家不在家，总是肉山酒海，有几十人吃饭。"梁羽生（香港武侠小说名家，和金庸并称，精于对联，著《名联观止》）因而认为：他和李白最相似之处，应是"千金散尽还复来"吧！

梁又表示："至于说到这个'侠'字，黑社会的所谓'侠'，和李白那种'侠气'，根本是两回事。李白的'擢倚天之剑，弯落月之弓，昆仑叱兮可倒，宇宙噫兮增雄'（《大猎赋》），这种侠气豪情，在袁寒云的作品也是找不到的。"不过，他认为以袁的才情，应和曹植、纳兰性德辈相当。

袁克文生长富贵家庭，又是"名父"之子，但毕竟是个旧式的公子哥儿，年方十八，即以荫生授法部员外郎。他不爱当官，却喜做玩世不恭的名士。寒云自幼天资聪颖，从江都方地山（名尔谦，善做对子，有"近代联圣"之称）读书，捷悟异于常童，诗文词曲，书画金石，靡所不精，旁及声色犬马，也无所不好。方地山本为风流不羁的才人，师生之间征歌选色，绝无避忌。

这两位大玩家，后来结为亲家（寒云的儿子家骝娶方地山的女儿）。其时，袁已从"皇二子"的身份，变成靠润笔度日的穷文人了。当文定时，两家并无仪式及礼币等，只交换绝世奇珍古泉（古代钱币）一枚，婚礼亦仅在旅邸中，一交拜而已，算是挺特别的。方地山作嫁女联云：

> 两小无猜，一个古泉先下定；
>
> 万方多难，三杯淡酒便成婚。

寒云的诗文固然高超清旷，古艳不群，他嵌字集联，更得乃师方地山真传，妙造自然，绝不穿凿牵强。他在上海时，有次在"一品香"宴客，青帮师兄步林屋（注：二人同拜张善亭为师）携雪芳、秋芳姐妹同来。酒酣耳热之际，雪芳乞赐一联，他则不假思索，立成二嵌字联，即席一挥而就，赠雪芳为："流水高山，阳春白'雪'；瑶林琼树，兰秀菊'芳'。"赠秋芳为："'秋'兰为佩，'芳'草如茵。"才思敏捷，观者叹服，笔势秀劲，见者称绝。

收藏也是寒云的嗜好，举凡铜、瓷、玉、石、书画、古钱、金币、邮票，无一不好，妙的是更爱香水瓶，以及古今中外、千奇百怪的秘戏图。他把这些选英撷萃的宝贝，都放在他一间起居室里，错落散列，光怪陆离，好像一座中西合璧的古玩铺。他给这间起居室命名"一鉴楼"，自作长联："屈子骚，龙门史，孟德歌，子建赋，杜陵诗，稼轩词，耐庵传，实父曲，千古精灵，都供心赏；敬行镜，攻胥锁，东宫车，永始斝，梁王玺，宛仁钱，秦嘉印，晋卿匜，一囊珍秘，且与身俱。"是食家亦是典故学者的唐鲁孙，认为他毕生搜集的珍爱古玩，都包括在这联语里了。

唐老曾与寒云共尝一次美味，地点在上海的"晋隆饭店，"主厨为宁波人。"晋隆"跟"一品香""大西洋"同属中式西餐店，俗称"番菜馆"。经营者头脑灵活，对于菜肴能够翻新，一碗"金必多浓汤"，食材用鱼翅、鸡茸制作，踵事增华，料多味美，富商巨贾、青楼名妓经常周旋其间，享用特别"西餐"。

每到大闸蟹大市，店家有道名菜，叫"忌司（起士）烤蟹盅"。做法为："把蟹蒸好，剔出膏肉，放在蟹盖里，撒上一层厚厚的忌司粉，放在烤箱烤熟。"此法不但省了食客动手剥剔之劳，而蟹的鲜味也完全保留，爱吃螃蟹的老饕，真可大快朵颐。听说这一美味，是袁二公子寒云亲自指点，再研究出来的。

寒云本身厌着西服，认为全身似紧箍着，简直是受洋罪，因而终其一生，只穿袍子马褂，更少去吃西餐。是以他邀唐到"晋隆"吃西餐时，唐鲁孙还莫名其妙哩！

原来他们二人都爱吃大闸蟹，跟他们同嗜且量宏的，还有上海花丛红馆人"富春楼"老六，于是三人同去品享。此"忌司烤蟹盅"，肉甜而美，剔剥干净，绝无蟹壳，不劳自己动手，蟹盅上敷一层忌司，炙香膏润，可以尽量恣享。结果袁准备了三十只，三人拼命大嚼，也不过吃了二十多只而已。这是唐老的回忆，并写在《大杂烩》一书中。

自称"情种"的袁寒云，声色犬马乃至吃喝嫖赌，样样来得，生活可谓多彩多姿。据其挚友陶拙庵（郑逸梅）的回忆：寒云"初次来沪，彼时袁世凯尚在，他以贵公子身份，遍征北里名花，大肆挥霍。及归，送行的粉黛成群，罗绮夹道。他非常得意，认为胜于潘郎（潘安，古美男子）掷果。此后又在津沽、上海一带，娶了许多侍姬，如无尘、温雪、栖琼、眉云、小桃红、雪里青、苏台春、琴韵楼、高齐云、小莺莺、花小兰、唐志君、于佩文等都是。但这批妾侍不是同时娶的，往往此去彼来。所以，克文自己说：'或不甘居妾媵，或不甘处淡泊，或过纵而不羁，或过骄而无礼，故皆不能永以为好焉。'"可见在万花丛中，这位以"风月盟主"自命的袁二公子，虽然好务内宠，却不善于驾驭，而周旋的众女，大都恋于其王侯富贵，逢场作戏而已。

至于他的情场生活，陶拙庵在《皇二子袁寒云的一生》中写道："袁克文经常住在青楼，晚上打道妓院夜饮。常常是室外大雪纷纷，室内炉火红红。在红袖添香的一群妓女陪伴下，袁克文左手持盏，右手挥毫，亦诗亦画，随兴而来，有一种说不出来的风流，说不出的倜傥。他自己也很得意，并有《踏莎行》专记此事。"

而他妹妹袁静雪的观察，就没这么风流快活了，而是直斥其荒唐。她在《八十三天皇帝梦》一书回忆着："我二哥的荒淫生活，他的走马灯式要姨奶奶以及一批女人和他先后姘居且不细说，只要看一看他后来在天津的一个时期的荒唐生活，也就足以说明问题了。他那时住在河北地纬路，却在租界里的国民饭店开了一个长期房间。他很少住在家里，不是住在旅馆里，就是住在'班子'里……有的时候他回到家里，二嫂和那仅有的一个姨奶奶总忍不住要和他吵。他却既不回嘴，也不辩解，只是哈哈地大笑起来，笑完了，扬长而去，仍然继续过着他那荒唐的生活。"

在不同时期，袁寒云都在胭脂丛中打滚，尽情挥洒他的才情。这样的人生，到底是好是坏？诸君可以自由心证。

对于洪宪帝制的看法，这位准"皇二子"，曾写诗二首，持反对意见。第一首尤知名，当时颇脍炙人口，其诗云："乍着吴棉强自胜，古台荒槛一凭陵。波飞太液心无住，云起魔崖梦欲腾。偶向远林闻怨笛，独临灵室转明灯。绝怜高处多风雨，莫到琼楼最上层。"

袁世凯死后，有人戏拟一联道："起病六君子，送命二陈汤。"此联作得甚妙，试为诸君娓娓道来。

所谓"六君子"，即"筹安会"发起劝进的六位名流，袁接纳之后，便走上"死路"。而"二陈汤"是指陈树藩、陈宦和汤芗铭。他们皆为袁的属下，各自拥有地盘（陈树藩为陕南镇守使，陈宦是四川将军，汤芗铭是湖南将军），当袁大势不妙时，相继宣布"独立"。陈宦原为参谋部次长，为袁的亲信。袁计划称帝时，命他率领北洋军三旅进川，督办四川军务。没想到他也通电反对，第一电尚温和，第二电甚严厉，袁见此电报后，当场晕倒过去，最后一病不起。这是袁世凯的"送终汤"。

此对最佳之处，在于概括袁世凯"起病"和"送终"的本事。且"六君子"和"二陈汤"皆中药名，更有双关之妙。

袁世凯殁后，寒云作《洹上私乘·先公纪》，恭赞曰："先公天生睿智，志略雄伟，握政者三十年，武备肃而文化昌。乃一忽之失，误于奸宄，大业未竟，抱恨以殁。悲夫，痛哉！"慰亭"原本佳人，奈何作贼"（称帝），一世英名，付之一炬。

寒云过世时，黄峙青有两首七言挽诗，其中"风流不作帝王子，更比陈思胜一筹"二句，道破他的心事，寒云地下有知，该当许为知己。

我更好奇的是，若就食事而言，世凯猛啖鸡蛋，寒云钟情蟹黄，一飞一爬之间，或有关联性也。

车辐通晓天府味

热爱自己工作，采访各式名人，写出自己特色，这是成功记者。如果机遇凑巧，加上食缘特佳，既能交欢大厨，也能悠游小贩，且有过人见解，甚至还能下厨，烧出一桌美味，如此闪耀人生者，堪称人中龙凤，在近世中国，恐怕寥寥无几。其中最杰出的，实非车辐莫属。

车辐为成都人，生于民国初年。其别号甚多，有车寿舟、瘦舟、囊萤、半之、苏东皮等，生平阅历不少，是公认的好记者、编辑、作家和美食家，主要的著作有《川菜杂谈》《锦城旧事》《锦水悠悠》等。我的藏书颇多，只是腹笥不丰，迄今只读过《川菜杂谈》一书，但一直很喜欢，已读了好几遍，从中受益可观。对于天府之味，总算大有认识，明白真正川味。

他这个人有趣，既非守经达道，更未离经叛道，而是在正道外，可以另辟蹊径，进而通权达变。比方说，他在饭店点菜，多半可以回烧。像那"豆瓣鲫鱼"，吃到只剩骨头，即加豆腐回烧，又成满满一碗。豆腐是不要钱的，吃剩鱼回锅烧汤，也要添些蔬菜和配料，回锅再烧则需要炭火钱及工钱，这些全都免后，却可一鱼两吃，花不了多少钱。此所谓穷吃法也。遥想四十年前，台北的四川馆子，在吃"豆瓣鲤鱼"时，亦流行此一吃法，我自然为受惠者。盖当时大家都穷，是以它才通行久远。

　　而车辐请吃饭，不去吃大饭店，倒不是没银两，而是怕吃不到好菜；如果吃小馆子，必食他熟识的，如此才有佳食。关于这一点，我和他志同道合。但有一点不同，多年好友不见，他必亲自下厨，提前告知当天菜名，引起客人食欲。车辐能烧一手好菜，大家期待甚殷。

　　请客当儿，每上一菜，举箸之前，他必说菜，"自卖自夸，滔滔不绝，讲此菜之妙，讲他的每每与众不同的烧法，边讲边吃，他自己吃得比客人多。客人叹食之未足，他已拿起菜碗'洗碗底'了——以他菜或泡菜将菜碗所剩之汁蘸而食之，边吃还边自赞曰：'好，真好！'……其实客人何尝不吃，车辐的筷子来得急如雷电，客人不及其神速耳"。史家兼食家的唐振常如是说。其写车辐的"吃相"，诚入木三分。

　　唐氏又指出："车辐之美食，兼得士大夫之上流品位与下层社会之苦食。更有一层，成都菜馆的名厨，他没有不识者，常共研讨，得厨师实践之精妙，又能从饮食之学理而论列之。……他是真正的美食家。"唐老接着说："前几年，他数上北京，为他的友人筹办东坡餐厅。为开这家饭馆，他比老板和厨师还要忙，又是定菜谱，又是请客人。据告，开幕之日，众宾云集，人人吃得满意。

他寄来菜单和开幕日盛况的照片（他极爱拍照），阅之增羡。"实将老友车辐的本事和热心，描绘得丝丝入扣。

川菜中的"便饭"这个词儿，现已成了口头禅。其创始人为成都名馆"荣乐园"的一代大厨蓝光鉴。他为了顺应食客的需求，从实惠、经济、省时出发，打破传统席面，将原先的瓜子手碟、四冷碟、四对镶、四热碟、中点、席点等模式打散，再重新组合。先废除"中点"，宾客入座后，上四个碟子（冬天热碟、夏天冷碟），跟着上八大菜，最后上一道汤吃饭。它短小精悍，既把燕窝、鱼翅、鲍鱼等名贵食材，精选一两道上席，食甘精华，增添风味，并把凑数的次等菜品摒弃，节约顾客开支，因而深受称赞。这样的席桌，蓝取名为"便饭"，其后又有"便餐""便酌"等名目。

蓝光鉴的"正宗川味"有名于时，但一九四八年夏天，车辐在自家的小院内突发奇想，来了个不可思议的"以左道，青正宗"的饭局，成为食林佳话。

当晚受邀的贵客为"荣乐园"的大师傅"蓝氏三兄弟"（即蓝光鉴、蓝光荣、蓝光璧）、卓雨农（成都名中医，人称"卓麻哥"），以及"耀华餐厅"的创始人赵志成。

为了这顿便饭，车辐琢磨半天，最后决定用成都当时市面上所售的一些名菜、点心，拼凑成一桌菜，来宴请这些"正宗"们，而当晚所谓的"左道"，其看点则如下：

> 四冷碟对镶："矮子斋"的麻辣排骨，对镶"司胖子"的花生米（加葱节、椒盐、香油等凉拌）；暑袜南街口卤肉摊的红肠肠，对镶砂仁肘子、卤舌头；复兴街"竹林小餐"

的糖醋酥胡豆，对镶华兴正街"盘飧市"的卤猪蹄、白卤田鸡腿；皇城坝回民的红酥，对镶商业场"味虞轩"的香糟鱼块。

冷热菜之间则穿插上了绿豆鲜藕和冰糖莲子羹。

主菜（热菜）是：东御街"粤香村"的红烧牛头蹄、干烧甜味香糟肉、炒肝丝（黄猪肝切细丝炒成鱼香味）；"竹林小餐"的蒜泥白肉；"荣盛饭店"的蚂蚁上树（烂肉粉条）；贾家场的菜菔（萝卜）细丝牛肉丸子汤。还有一碗川北凉粉（加碎牛姜丝馅子）。

记得当时桌上还有四样家常泡菜，一份酱肉颗子苕菜，一盘怪味鸡丝和一碗番茄牛尾汤。

客人们莫不吃得津津有味，颇为满意。蓝光鉴评论说："这桌菜很有地方味特点，而且搭配合理。"对"菜菔细丝牛肉丸子汤"尤为赞许。卓雨农则说："可惜'味虞轩'的香糟鱼少了点，用它下黄酒很合适。猪肝切丝炒成鱼香味亦很可口，而且刀法上别出心裁。"车辐原是想换换他们的口味，没想到竟取得意外的成功。这应是"歪打正着"吧！

在这席便饭中，有道"蒜泥白肉"，出自"竹林小餐"。它远近驰名，号其"二分白肉，两个人去吃不完"。事实上，一小盘"二分白肉"，只有几片，吃到最后一片，谁也不好意思下箸去拈，所以说"吃不完"。之所以如此，正在于一"麝"字。东西只要好，少而精，正是其精妙处，越精越麝，越有人吃。敲竹杠嘛，只要好，一个愿打，一个愿挨，也就各得其所。

此白肉首先是料好，须不肥不瘦。精选皮薄质嫩、皮肉肥瘦相连者，专取"二刀肉"（即禁脔上第二刀切的肉）与腿上端一节"宝刀肉"，接着去其骨、筋次品。其次是将肉放汤中煮到半熟。此际拿稳火候，不能差些分毫，及时起出漂（去声）冷，整边去废切块；再煮一定时候，置冷水中漂凉，使其冷透过心，两煮两漂，热吃热片，真正乃无上佳味。此正所谓"虽小道，必有可观者焉"。而市井之中所充斥的"蒜泥白肉"，甚至卷成花样，无奈料差、火候不足，真是平凡得紧。

而在火候方面，他多次向薛祥顺（陈麻婆的传人）学习"麻婆豆腐"，看其制作的全过程，同时"回家试验，作料比他的更齐全"，但没一次达到其水平。推敲其中原因，端在火候二字。这道菜必用黄牛肉，没它等于失掉灵魂，难臻麻、辣、烫、酥、嫩的极致。不过，现在多用猪肉，仍然爽快利落，展现川菜特色。还有的名大厨，器皿讲究，望之美观，少了粗放制作，即使"食不厌精"，终究其"味"不足，只是标新立异而已。

车辐擅烧家常菜，能物尽其用，常别出心裁。就拿蕹菜来说吧！它又名"空心菜"，闽、台称为"瓮菜"，岭南则叫"通菜"，茎叶均可食用，足以变化万千。车辐对此一"南方之奇蔬"，先食其菜，它既可打汤，还可以热食或当成冷菜。食不外炒、烩、煸；冷菜则先煮过，再拌入姜汁、麻酱、芥末、芝麻等，随心所欲，应有尽有。

至于蕹菜的老梗，他也有三种做法，各有特殊滋味。其一为："切成一环环小节，放点豆豉，切碎一些新鲜红海椒，合而炒之"；其二为："切成小方碎块（如黄豆大小）和切碎的新鲜辣海椒同炒"；其三为："切成寸多长的细丝子，再将豆豉切碎，合而煎炒"。

这些不同烧法，颇能沁脾开胃，诱人馋涎。它们都是下饭好菜，同时也经济实惠。我个人则喜欢将煮透的蕹菜梗，直接放入冰箱冷藏，临吃之际，加上肉臊、红辣椒丝（可用红葱头）和酱油膏（老抽）。每于炎炎夏日，用此搭配啤酒，可为消暑隽品。

除吃遍成都大街小巷的餐馆、摊贩，常乐在其中外，车辐还因地利之便，去山城重庆吃到很多美味。二十世纪三〇年代初，重庆席桌上的鱼头、鱼皮，"以长江中有名的鲟鱼或蒸或烧，高明的厨师，都弄得比四川沿江任何一个码头上的餐馆做得好"。其用鱼头制成半透明的鱼脆，可蒸、可烩、可做美味羹汤，甚至于做出大块文章来，如著名的川菜"鱼脆果羹""玲珑鱼脆""桃油鱼脆"等。

鲟鱼另一干制品为鱼唇。在烧制此鱼唇时，先余煮、浸泡、换水，"以其柔软糯嫩，质感细腻"，制成川菜上品的"白汁鱼唇"。由于此菜"做法高明，色彩清淡，却淡中生鲜"，有人食罢，认为可与"温泉水滑洗凝脂"媲美。它如清蒸的青鳝、白鳝，"家常甲鱼""干烧岩鲤""清蒸鱼头"（内加香菌、南腿，碗内漂着薄薄一层原汁油面，油而不腻），都是"味在四川"的隽品。

而在抗战时期，"前方吃紧，后方紧吃"，佳味纷呈，名馆甚多。除"轰炸东京"（口蘑锅巴）打响了名号，"火腿面包"也名闻遐迩，它是用嫩南腿切片，夹油酥面包，入口酥香出味，且经得起咀嚼。名馆如"醉东风""小洞天""凯歌归"等，均烧得一手好菜。

另，"白玫瑰"名厨周海秋的"烤乳猪"，黄如透明玛瑙；特别是用牛、羊、猪三头同做的"烧三头"，令人叫绝。其他的好厨美馔，不胜枚举。

成都和重庆两地的川菜，全以"川味正宗"为标榜。有人就问车辐，究竟何处的更正宗一些。他则答曰："两地根据具体情况，做出精美可口菜肴，总的说来都是为'川味正宗'添砖添瓦。"这种高屋建瓴见解，确实高人一等。

究其实，重庆诸菜色中最引人入胜、名号最响且火红至今的，首推"毛肚火锅"。这味麻辣火锅，重庆人吃它时是不分季节的。以前没有冷气，三伏天的高温，餐桌坐凳皆烫，虽然汗流浃背，他们却能处之泰然，"一手执筷，一手挥扇，在麻辣烫高温高热下，辣得舌头伸出，清口水长流之际，又可来上两根冰棍雪糕，以资调剂。勇士们越吃越来劲，除女性外，男士们吃得丢盔弃甲，或者干脆脱光，准备盘肠大战。中有武松打虎式，怒斩华雄氏；不少女中豪杰，颇有梁夫人（梁红玉）击鼓战金山之概，气吞山河之势"。描绘鞭辟入里，读来杀气腾腾。

此一"毛肚火锅"，吃的是牛肚和内脏。牛胃中有重瓣胃，形如毛巾，下锅一烫，火候至关紧要，久了如牛皮，未烫够又是生的，都不能吃。食客的"手艺"至关重要。

火锅的卤汁调料，不可胜计。有牛骨汤、炼牛油、豆母、豆瓣酱、辣椒面、花椒面、姜末、豆豉、食盐、酱油、香油、胡椒、冰糖、料酒（或用醪糟，即酒酿）、葱、蒜，甚至味精等。下料的增减，因人而异。而融众妙于一碗，绝非以多为贵，但求精当适口。锅底亦极精彩，有加进泡菜水的，也有人猛加海椒，来个"见血封喉"，即使"五内俱焚"，亦在所不惜。只因"全身舒畅"，不旋踵即至。那些不吃辣的人，根本无法体会"此中有至乐"。

食家风范

除了毛肚和牛内脏充作主料外，煮食之物，尚会加进猪、羊、鸡、鸭、水粉条、大木耳、鸭血旺、香菌、大白菌菇，以及一些时令蔬菜。众料杂陈，好不快活。

在切菜片肉的刀工上，成都的"毛肚火锅"，葱、蒜"只切成一寸长一点，重庆的长三四寸，有些粗放。成都有的鳝鱼洗去鲜血，重庆的保留鲜血，存其鲜味，放在盘内，拿入滚滚波涛之热火锅内，然后狼吞虎咽"。我曾在上海，吃了几次做得甚好的"毛肚火锅"，其食材皆由成都空运抵沪，厨师长为成都人，长到近五十岁，从未离开锦城。其鳝鱼于现杀放血洗净外，将之盘如圆形，状如蚊香，一涮即食，美味无比。且其菜蔬中，另有韭黄、大葱、豌豆芽、黄芽白等，其味之美，迄今萦怀。

车辐另指出："重庆吃法，犹如词中的豪放派，成都吃法，犹如词中的婉约派。但也不能平分秋色，无论如何，重庆的占上风，就全川而论，它以压倒一切的姿态出现。"他指的大方向极正确，至今提起"毛肚火锅"，众皆推尊重庆。毕竟，霸气容易完全呈现，王道则如阳春白雪。

曾担任烹调比赛评审的车辐，在评判质量标准时，对味、质、形、色、特色与难度这五类，讲得有声有色。而在川菜走向全国、走向世界的风潮下，他则呼吁要"立足于'在传统基础上'去发扬光大，要学习世界先进烹饪技艺，不断创新，但不要走形式主义，'不要搞花架子'、华而不实，那种'物以稀为贵'的做法也是不可取的。主要是突出川菜特色，不断创新，不以珍奇取胜，不忽视菜点的食用价值（营养、卫生）……以味为主！突出了川菜'清鲜醇浓，麻辣辛香，一菜一格，百菜百味'的地方风格"。

旨哉斯言！食而无味，食而不知其味，纯以摆盘、气氛、珍贵食材为尚的食风，车老不以为然。我亦期期以为不可，盼能导正当代的歪风，为食坛注入新的活力。

车辐交游广阔，上至文坛泰斗，下到三教九流，他都广结善缘，实为一奇人，在饮食天空中，明光普照宇内。四川美食协会成立时，九十高龄的他驾临盛会，新朋老友，群相致意，尊之为"饮食菩萨"。他亦"胃口牙齿宝刀未老，鹤发童颜风韵犹存"，故能"高山仰止，景行行止"而未已。

此外，朋友叫他"老车"，陈白尘则称其"车娃子"，乃从四川之俗。车辐年逾古稀，而童心未改，凡热闹事，总要参与。至年逾九旬，其自我评价则是"除了钉子，啥都嚼得动"。车辐胃口一直很好："夫妻肺片"要吃双份，"甜烧白"也不放过；轮椅推上街，一路上买两个蛋卷冰激淋，且行且吃。有几次看电视睡着了，手里尚拿着桃酥，醒来又接着吃。天哪！钟情于吃而至于斯！

车夫人擅长烹饪，赢得友人赞许。有次她调侃老伴，说："我呀，也就是没他会写，没他能吃，除此之外，哪样都比他强，他还绷啥子名人嘛！"又会写又能吃，不但吃出品位，而且言之有物，懂得与人分享，亦能烧出美味，这种精彩人生，必定有滋有味。

孙中山饮食轶事

　　在中国近世人物中，我极佩服孙中山先生，对他的学问、书法、口才等，再三致意，且对他毕生致力革命，勤于宣传著述，见识高人一等，尤推崇备至。难怪美国的《时代杂志》选他为二十世纪最有影响力的亚洲人之一，并高居第二。他虽不求饮食，却能领先时代，一贯偏好素食，而且对于饮食，有其独到见解，且能身体力行，实时代一伟人，比传奇更传奇。

　　本名孙文的他，小字德明，号逸仙，寓居日本时，署名中山樵，世称孙中山。世居广东省中山翠亨村，当地至今流传着他最爱吃的菜，"大豆芽炒猪血"和"咸鱼头煮豆腐"。

　　基本上，孙父擅制豆腐，也曾贩售豆腐，因而孙中山自幼便爱吃豆腐。加上乡人多吃咸鱼，其头弃而不用，孙父勤俭持家，取鱼头炖豆腐，营养丰富健脑，成就另一美味。孙文自幼常食，自然聪颖过人，遂能博览群籍，成就伟大事功。

粤人所谓的大豆芽，泛指黑豆芽、黄豆芽、绿豆芽等，今则专指黄豆芽。黄豆芽状似如意，又称如意菜，滋味绝鲜，以往茹素者，往往取此熬制高汤提味。二十世纪后期，豆芽颇受营养界瞩目，一度在西方掀起"豆芽热"，寰宇知名，堂而皇之地列入"健康食物"之林。

又，孙文的堂兄弟孙贵，百余年前，曾在中山市石歧开设一家"孙奇珍酒楼"，孙文每赴广州时，出入乡间省城途中，必到此处歇脚。常一壶茶，两件奇香饼，便能闲话家常。至于吃饭，孙文只吃素。他当上临时大总统后，接孙贵至南京总统府，担任自己私厨。并吩咐孙贵说："每顿只要炒青菜、豆芽或豆腐之类。"还规定不要超过四角钱。

值得注意的是，学医的孙中山，嗜食猪血和豆腐。有人问他原因，他认为猪血富含铁质，豆腐则有丰富的蛋白质，而这两种食材，都对人体甚有补益，既可分别食之，又能一起煮汤，食疗效果不凡。

原来他吃猪血这档子事，出自《建国方略》。孙文明白表示："吾往在粤垣（即广东省），曾见有西人鄙中国人食猪血，以为粗恶野蛮者。而今经医学卫生家所研究而得者，则猪血涵铁质独多，为补身之无上品。……盖猪血所涵之铁，为有机体之铁，较之无机体之炼化铁剂，尤为适宜于人之身体。故猪血之为食品，有病之人食之固可以补身，而无病之人食之亦可益体。而中国人食之，不特不为粗恶野蛮，且极合于科学卫生也。"

事实上，中医学说中，有"以脏治脏""以脏补脏""以类补类"的说法，是以李时珍所说的"以胃治胃，以心归心，以血导

食家风范

血，以骨入骨，以髓补髓，以皮治皮"，始会深植人心，一直被奉为圭臬。于是吃这款"液体肉"，自然可"以血补血"，甚至健脾益胃。《随息居饮食谱》谓："猪血咸平，行血杀虫……"这在临床上，亦有道理在。因为猪血的血浆蛋白，经人体胃和消化液中的酶分解，有一定的消毒和滑肠作用。经常食用，功莫大焉。

另，闽南及广东人士甚爱食猪血，雅称为"猪红"。其在烹饪上，讲究慢火浸。亦即将切成日字形的猪血，放进镬（锅）中开水里，以慢火浸熟。而在操作时，不让水沸滚，如水沸滚，则要添进生水。一旦猪血浸熟，立即置冷水漂。如此制作出来的猪血，方能爽滑而不韧，细嫩而不老。而享用猪血时，一定要加上姜、葱以及胡椒粉，倍觉芳香适口。此为"江湖一点诀"，如要好吃，舍此莫由。

孙文一直推崇豆腐。他指出："中国素食者，必食豆腐，夫豆腐者，实植物中之肉料也。此物有肉料之功，而无肉料之毒……"此卓见远远超过同时期的西方人，毕竟"西人之倡素食者，本于科学卫生之知识，以求延年益寿之功夫。然其素食之品无中国之美备，其调味之方无中国之精巧"，更何况蔬食过多，反而缺乏营养。于是有"铛中软玉"之称的豆腐，成为中国食材中的瑰宝。孙文的这番话，是有其道理的。豆腐中的蛋白质属于完全蛋白，非但含有人体内必需的氨基酸，且其比例亦极接近人体的需要，易于吸收。它所含的豆固醇，能抑制胆固醇，有助于预防一些心血管方面的疾病。惜乎其嘌呤含量甚高，凡尿酸高的人士，宜慎食忌口。

大体而言，豆腐分北豆腐和南豆腐两种，其在生产过程上，几乎如出一辙。其区别在于凝固剂和加压时间不同，故含水量和老嫩程度亦异。北豆腐又称老豆腐，北方普遍生产，以盐卤（氯化钠）点脑，味略带苦，宜烧厚味。适合煎、炒、炸、蒸、煮、炖和制馅等吃法。南豆腐一称嫩豆腐，主要在南方生产，以石膏（硫酸钙）冲浆点脑，质地细嫩，保水性强。施之于烹饪时，加热时间不宜过久，适合拌、炒、烩、烧和制羹汤。孙喜欢吃的"猪血豆腐汤"，显然用的是南豆腐。

《建国方略》上说："中国人所饮者为清茶，所食者为淡饭，而加以菜蔬、豆腐此等之食料，为今日卫生家所认为最有益于养生者也。故中国穷乡僻壤之人，饮食不及酒肉者，常多长寿。"又谓："夫中国食品之发明，如古所称之'八珍'，非日用寻常所需，固无论矣。即如日用寻常之品，如金针、木耳、豆腐、豆芽等品，实素食之良者，而欧美各国并不知其为食品者也……"有好事者发奇想，将金针、木耳、豆腐和豆芽一起煮汤，并宣称是"四物汤"，诚为多此一举，有类画蛇而添足。

准此以观，"猪血豆腐汤"内，必添加蔬菜。就色泽来看，紫（近乎黑）、白、绿相间，乃悦目之画面；就营养而言，矿物质、蛋白质、维生素悉备，实一营养丰富之食物。吾人经常食此，望着漂亮画面，身子受用不尽，想要健康长寿，自在此中求了。

而在他所嗜食的豆腐菜中，最主要的一味，首推东江"酿豆腐"。"酿豆腐"一名"瓢豆腐"，关于它的来历，盛言出自安徽凤阳，且和臭豆腐一样，都与明太祖朱元璋有关。据说朱年少时，家里经济困难，曾在一家专门烧制"酿豆腐"的店家帮佣，有时他顺手牵羊，吃起来特别香。他登基后，总忘不了此"珍味"，特地派人找到当年的店主，留在宫内当差，兴起即享此物。"酿豆腐"遂成明宫廷御膳，后广泛流行于客家地区，东江所制的尤知名。

制作"酿豆腐"时，先将猪上肉、去皮鱼肉剁烂备用，虾米水发研细，咸鱼煎透剁末。接着把上述各料，加精盐、味精、胡椒粉拌匀，再下葱白珠（粒）和匀成馅。嫩豆腐切长方块，中间挖一小孔，填满馅料并排放镬（锅）中，用中火煎至两面金黄，即成半制成品。接下来则有以下两种做法：

一为"瓦煲酿豆腐"。取菜胆（即嫩菜心）放瓦煲内衬底，置酿豆腐铺排于其上，添汤汁和调料，慢火煲至水滚，勾好玻璃芡（稀芡）后，下花生油，撒上葱粒即成，再以原只上桌，有汤有菜，清甘嫩滑，热气腾腾，馨香四溢，冬日食之，倍感惬意，仿佛一股暖流上心头。

二为"焖酿豆腐"。煎好的豆腐放进镬（锅）中，加适量汤水、酱油、胡椒粉等，以中火焖约一刻钟，先勾薄芡，再添花生油，撒上葱粒，即可盛盘上桌。其特点为成菜快，味鲜香浓，油足馅爽。此乃佐酒下饭之佳肴，宜趁热快食。

孙中山爱食哪一款，实不得而知，也可能都喜欢吃。他第一次品尝时，还闹了个笑话，至今仍为人们津津乐道。一九一八年五月，他到梅县松口视察，前同盟会会员谢逸桥请吃饭。席中有"酿豆腐"，孙文吃得开心，连连称妙，于是问及菜名。一位乡绅用半生不熟的普通话说："这是'羊斗虎'。"他听后一愣，乐得大声嚷："羊斗虎，有意思。"同行的人知是语误，连忙加以解释。孙文哈哈大笑，宾主尽欢而散。

一九二四年时，任国民党总理的孙中山，两次莅临博罗县城视察，由县党部常委兼组织部部长陈苏负责接待。陈苏的叔叔陈禧，善烹"酿豆腐"，便以此款待他。孙吃得很满意，不住口地称赞。并告诉陈苏说："往后各级党干部到来，你就介绍他们吃'酿豆腐'，我总理都吃得，他们还敢嫌吗？"（意即不要宰猪杀鸡，避免铺张浪费）接着又说："这菜营养丰富，嫩滑清香，是我所吃过的东江名菜中，最好的佳肴。"陈禧亦因而深受赏识，后随孙进入广州总统府，专为孙中山做饭菜了。

"酿豆腐"经大人物品题后，身价马上飞涨，从此成为东江人待客的上馔，一直与"盐焗鸡"齐名。

孙对食事至为表扬，尤对中国的饮食给予至高评价。他在《建国方略》中提及，中国的饮食之道是世界各国所不及的。他指出："中国所发明之食物，固大盛于欧美；而中国烹调法之精良，又非欧美所可并驾。至于中国人饮食之习尚，则比之今日欧美最高明之医学卫生家所发明最新之学理，亦不过如是而已。"而在烹调技巧方面，他更精辟地论述道："中国不独食品发明之多，烹调方法之美，为各国所不及。而中国人之饮食习尚暗合乎科学卫生，尤为各国一般人所望尘不及也。"

最后，他语重心长地说："单就饮食一道论之，中国之习尚，当超乎各国之上，此人生最重要之事，而中国人已无待于利诱势迫，而能习之成自然，实为一大幸事。"

张作霖大帅府的厨师长赵连璧，擅烧珍馐美馔，素菜亦很出色，曾在大帅府整治全素席，包四冷盘十热菜。四冷盘为"白油菜苔""红油莴笋""红萝卜姜卷""麻辣芹菜拌豆腐丝"；而十热菜则是"萝卜燕菜""鸡汁鱼翅""海参杂烩""一品鸽蛋""鸡茸燕窝""清蒸鸭子""香菇烧冬瓜""醋汁鲤鱼""红烧素肘子""豆腐杂会汤"等。食客莫不道好，赵则当众解释，席上所有食品，无一不是素菜，只是用荤菜之名。其惟妙惟肖处，真的很不简单。

一九二四年十一月，段祺瑞邀请孙北上共商国是，中山先生扶病抵天津时，张作霖父子在其行辕（曹家花园）设晚宴款待，酒席至为隆重。孙乘坐的黑色房车驶进园内时，立即有人高呼，举手敬礼。少帅张学良直趋前行大礼，说道："向孙伯父请安！"张作霖则站阶前迎接。

这席洗尘宴，由张二少张学铭操办。他是个饮馔名家，有人形容二少是"美学字典"，通晓京、津名馆，以及大师傅的拿手菜。在其精心策划下，帅府的首席大厨赵连璧，特地从沈阳南下，另请来宫廷名厨王老相和"辫帅"张勋的家厨赵师傅等助阵，阵容十分强大。

鉴于孙为南方人，在菜单的设计上须以海味为主。先奉的四冷盘，分别是"生菜龙虾""芦笋并鲍鱼""清蒸鹿尾""火腿并松花"；接着的大菜为："一品燕菜""冬笋鸡块""清汤银耳""白扒鱼翅""虾仁海参""清蒸鲥鱼""清煨萝卜干贝珠""鸽蛋时蔬""烧鸭腰"和"蟹黄豆腐"等。又，此宴主人是张作霖，张学良以少主人身份陪席，座上嘉宾尚有冯玉祥等人。

这个晚宴甚得孙中山的欢心，一再称赞好菜，厨艺一流。食罢请厨师见面，并亲自一一道谢，气氛融洽至极。

在这些山珍海错中，孙特别欣赏"清煨萝卜干贝珠"。干贝即江瑶柱，萝卜则展现刀工，以圆珠形呈现，以上汤煨足。他认为此汤菜既好看又中吃，清淡可口。

孙中山曾说:"夫悦目之画,悦耳之音,皆为美术,而悦口之味,何独不然?是烹调者,亦美术之一道也。"尝了如此盛宴,体会更深一层,当在情理之中。而他也为上好的滋味,做了一番诠释,鞭辟入里,道:"昔者中西未通市以前,西人只知烹饪一道,法国为世界之冠;及一尝中国之味,无不以中国为冠矣。……凡美国城市,几无一无中国菜馆者。……日本自维新以后,习尚多采西风,而独于烹调一道犹嗜中国之味,故东京中国菜馆亦林立焉。是知口之于味,人所同也。"他这两种说法,既道出饮食烹调上的艺术性,也说出中国菜的美味举世第一,普受欢迎。

　　比较可惜的是,孙夫人宋庆龄,亦精于烹饪,却鲜为人知。她得天独厚,先向母亲学习中国菜,烧得很到位。到美国读书时,学校设有家政科,又习得西厨技艺。是以她能烧好菜,惜乎夫君忙于政事,无福经常品尝。直到一九六四年,在因缘际会下,她才得以大显身手。

　　这一年,国外摄影名家侯波女士将陪同孙夫人访问斯里兰卡,先到昆明小住,并等候总理周恩来。适周总理公务繁忙,一等多日,以致侯波女士的心情,难免有点烦闷。

　　有一天,孙夫人说:"你还没吃过我做的菜,现在刚好一试我的手艺,每天做道菜让你品尝。"侯波以为她是开玩笑,但吃过第一道菜后,不得不心服口服,连赞好菜,只是不明白尊贵的孙夫人,何来时间学的烹饪。

　　孙夫人笑谓,夫君生时喜爱美食,指出烹饪是一门学问,值得提倡,斥君子远庖厨之说,所以她不时入厨。但他忙于公务,少有口福享受。她们一共在昆明待了三十六天,孙夫人并未食言,每天做一道菜，天天不同。侯波女士口福匪浅，眼界大开，道道菜品色香味俱佳，好看更好吃。其中有一道"青椒炒鳝丝"，不仅镬（锅）气佳，调味亦一流，她吃得心满意足，每有"食止"之叹。

孙文精娴书法，我倒看过不少，常见者有"博爱""天下为公"等，亦有"满堂花醉三千客，一剑霜寒四十州"（注：此为晚唐僧贯休献钱镠的诗句，原诗为"十四州"，为求对仗工整，故改之）的对联。而本文不时引用的《建国方略》，我亦见过其影印本，一直非常喜欢。有人评他的字，一如米芾赞唐太宗的书法，"龙彩凤英，天开日升。亟戡多难，力致太平。云章每发，目动神惊"。所言不甚具体，难明所以。

还是近人史紫忱教授讲得好，孙中山的书法"浑厚中露雄劲，拘谨内见英锐，循旧道理开新局面，以新体裁涵旧规矩，化豪放为清辉，熔绚灿于平淡"，并以"超凡入圣"誉之（见史著《书法今鉴》），堪称的评。我个人则爱其雍容大度，浑厚宽阔，耐看有味，每每不倦。

民国食家三面向

从晚清到民国，食家辈出，其中有三方家，除遍尝美味外，皆含英而咀华，或愤而著书，或能实际运用，故能著称于时，亦为后人传诵。前者为杨度、张通之，后者为张学铭。三人面向不同，时空有异，乃一一录其详，盼后世能窥其堂奥，并取可资为法者。

首先要谈的，是堪称一代奇人的杨度。

杨度，字皙子，湖南湘潭人，王闿运门生。二十岁中举人，其后留学日本。平生著作甚多，涵盖文化、教育、经济、政治与饮食等各领域。其政治生涯尤多姿多彩，令人叹为观止。一九一四年时，袁世凯解散国会，他出任参政院参政。次年与孙毓筠、严复、刘师培、胡瑛、李燮和等人组"筹安会"，人称"筹安六君子"，劝进洪宪帝制。袁世凯过世后，他被通缉，流寓上海，曾做过杜月笙的门客。亦曾加入国民党，暗助革命军北伐。晚年思想大转变，成为共产党党员，批准他入党的则是周恩来。

多才多艺的杨度，对饮食素有研究，食遍北京名馆名楼，写下心得十八篇，此即《都门饮食琐记》，知人所未知，言人所未言，乃研究当时北京饮食风尚的宝贵资料。之所以能如此，乃因他住在北京时，所交皆政要与显贵人物，接触名馆、名楼层面特广，且能于此处留心，当世难有第二人也。

提及都门饮食，杨度谓："京师人海，服用奢侈，酒食征逐，视为故常，一饮一食，无不争奇立异，以示豪侈，见之载籍者，指不胜屈。民国成立十五年，凡百无改良之可言，唯风俗日趋浮华而已。京中之饮食物，亦因习尚所趋，精益求精，且交通便利，各地之制作原料，烹饪衬料，运载极易。专制时代，玉食万方之帝王所不能致之者，现在已登平民之饪席矣。加以酒食征逐之风变本加厉，饮食之需既繁，供给自相应而来。记者寓京既久，对于京师饮食之所，不止鼎尝一脔，拉杂记之，以供朵颐。"其文开宗明义，的确不同凡响。

杨度在遍食京城内鲁、川、闽、粤、苏、豫、淮扬各帮的五十多间名楼名馆，并试菜百余款后（有的还反复试之）积累了心得，始发为文章，无异展开一幅二十世纪二三〇年代北京的饮食画卷。其所记的多数名店，今日多已不存，佳肴亦不复在，但这些饮食资料，足供后人研究取法。

当时北京的饭店，多由山东人经营，深深影响着后来的京菜。杨度指出："京中各种商业，由山东人经营者十之六七，故菜馆亦不能逃此例。间有京中土著经营之菜馆，虽为京菜，亦多山东口味。民国成立之后，因有新式之山东菜，遂以此种为老山东馆，著名者如聚寿堂、聚贤堂、福寿堂、福全馆、同兴堂、同和堂、天寿堂、东丰堂等，近于此类之饭庄，而专供饮宴者，则有致美斋、福兴居、泰丰楼等。"

杨度拈出其中四家山东名馆，要言不烦，深中肯綮。

其一为"致美斋"。本店为"北京八大楼"之"致美楼"的前身，"最初为湖州人经营，继亦为鲁人主持，故或谓系南方馆，实则仍为山东馆，而著名之菜有红烧鱼头，初为敬菜，不售卖，现敬菜之例已取消，遂亦售卖矣。此外佳者，有糟煎中段、软炸肝，虽为普通之山东菜，然致美斋此味极佳，能嫩不见水。虾米熬白菜豆腐，亦较他家为佳，唯新丰楼差能近之。点心如萝卜丝饼、葱油饼，亦极擅长"。

台北市曾有"致美楼"，开设于西门町。其主厨胡玉文，与我共服兵役，相处达一岁半。退伍后我常光顾，其手艺极不凡。甚爱其"软溜里脊"及"虾米熬白菜豆腐"等拿手菜，每到必点尝。又，店家的"烤鸭三吃"极棒，自迁往新北市永和区后，以老师傅凋零，现已歇业矣。

其二为"广和居"。本店为"北京八大居"之首。它位"在南半截胡同，离市极远，而生涯不恶，因屡经士大夫之指导品题，遂有数种特别之菜脍炙人口。潘鱼以汤胜；江豆腐为清季赣省某太守所指点，以豆豉、火腿、虾米、香菌及豆腐丁作羹，味极鲜美。辣炙粉皮、清蒸山药，初登盘时，片片清楚，一着匙即成泥，故名"。按："广和居"原名"隆盛轩"，现改为"同和居"，我于二〇一二年抵北京时，特地去吃"潘鱼"（鱼、羊合烹）和"三不黏"等佳肴美点，对于其滋味及物美而廉，一行人至今仍念念不忘。

其三为"东兴楼"。本店亦"北京八大楼"之一。杨度颇称许其"冬菜鸭块""瑶柱肚块"等，并谓"东兴楼地居东城，规模极大，且座位整理清洁，故外人欲尝中土风味者，率趋之。菜以糟蒸鸭肝、乌鱼蛋、酱制中段、锅贴鱼、芙蓉鸡片、奶子山药泥为著名"。台湾亦有"东兴楼"，位于新北市新店区的大崎脚，虽然地处偏远，价格却不便宜。为食福州好风味，我常不惜腰中钱，唯昔日滋味道地，现走高档海鲜，已少去光顾矣。但其招牌的"淮杞九孔炖河鳗""三杯田鸡腿"及各式野味等，迄今依然常在我心。

其四为"明湖春"。它位于杨梅竹斜街，"以新式之山东菜著名，如奶汤蒲菜、奶汤白菜、余双脆、面包鸭肝、龙井虾仁、红烧鲫鱼、红烧鱼扇、松子豆腐等。蒸食有银丝卷，为京中向来所未有，生涯遂极一时之盛"。

在粤菜方面，"广东菜馆曾在北京做大规模之试验，即民国八九年香厂之桃李园，楼上下有厅二十间，间各有名，装修既精美，布置亦宏敞，全仿广东式，客人之茶碗，均用有盖者，每碗均写明客人之姓氏，种种设备均极佳。菜以整桌者为佳，如红烧干鲍鱼、红烧鱼翅、罗汉斋等"。此等经营方式，我亦因缘际会，尝过数十家，唯以饭店为多，佳者则少见耳。

在闽菜方面，他写道："忠信堂开张后，始又有大闽菜馆，主之者郑大水，为闽厨之最。以整闽席著名，外烩及宴客者，日常数十桌……用伙计至百数十名。著名菜有鸭羹粥、炒鹅血、红糟鸡、熏沙鱼、清蒸鲳鱼等为最。"接着说："福建菜馆最初在京中开设者，为劝业场楼上之小有天，菜以炒响螺、五柳鱼、红糟鸡、红糟笋、汤四宝、炸瓜枣、葛粉包、千层糕著名。"杨度另将当时生意极佳、规模亦甚宏大的闽菜馆，如开张在大李纱帽胡同，其肴馔极可口，而以"神仙鹤""纸包笋""锅烧鸭"著称的"醒春居"，亦带上了一笔。

在豫菜方面，汴中因河工关系，精研饮馔之道，遂有汴菜之名。"京中豫菜馆之著名者，为大栅栏之厚德福，菜以两做鱼、瓦块鱼（鱼汁可拌面）、红烧淡菜、黄猴天器（海蜇川管挺）、鱿鱼卷、鱿鱼丝、拆骨肉、核桃腰子（炒腰子小块），盘子以酥鱼、酥海带、风干鸡为佳。其面食因面系自制，特细致。月饼亦有名。"此店为梁实秋之父所开设，梁能撰就《雅舍谈吃》，实家学渊源，其来有自。

至于他着墨甚多的淮扬菜，京中菜馆极多，"饮食丰盛，肴馔精洁"，规模大者少耳。"春华楼在五道庙，地址极小，而每逢饭时，必坐无隙地，著名之菜为软兜带粉（炒鳝丝加粉条）、脆膳、生敲鳝鱼、松鼠黄鱼、红烧鲫鱼、烧鸭、炒豆芽菜、荠菜、炒山鸡片、川青蛤。冷盘以肴肉、呛虾等为佳。甜菜有夹沙高丽肉……老半斋在四眼井，初开时座客常满，以狮子头、红烧野鸭、松鼠黄鱼等著名。"此外，"宝华楼在排子胡同，亦系扬州馆。著名之菜，与春华楼相仿。淮扬菜馆除肴馔外，以各种点心著名，如汤包系小笼小包，而内有汤卤……水饺子、白汤面"。又，"白汤面"极佳者为"松鹤园"；而开设最久的是"通商饭庄"，菜清淡可口，故外烩不少。

以上所举例者，并非老生常谈，而是杨度的亲身体会。其描述则比较全面，且言简意赅，实属难能可贵。

博学多闻、见多识广的杨度，曾撰写过二挽联，对象分别为袁世凯及梁启超。此二挽联甚佳，故能传诵至今。

　　　　　　　　　　　　　　　　　　　　食家风范

挽袁世凯联：

> 共和误民国，民国误共和，百年之后，再评是案；
> 君宪负明公，明公负君宪，九泉之下，三复斯言。

挽梁启超联：

> 世事亦何常，成固欣然，败亦可喜；
> 文章久零落，人皆欲杀，我独怜才。

虽所咏者为袁、梁二公，但视此以自况，不亦宜乎！

接下来的这一位，乃穷究食经，成一家之言的张通之。

张通之字葆亨，生于光绪年间，宣统元年贡生。民国后执教鞭，精研文史、饮食，曾任南京市文献委员会编纂，本身擅长书画，从游生徒甚众，著作有《白门食谱》等。

南京古称金陵，别名有白门等。称之为白门，其典故有二："蹶白门而东驰兮，云台行乎中野"（张衡《思玄赋》）；南朝宋都城建康西门，按五行之说，西方属金，金气白，故称白门（见《南齐书·王俭传》）。另，李白《金陵酒肆留别》诗云："白门柳花满店香，吴姬压酒唤客尝。"《白门食谱》专记南京饮食，书名即据此而来。

张老不讳言生平嗜食美味，非但食遍名店及街头小吃，连各地名产，各家各户的拿手菜，均一一罗列，几无错过者。他曾有诗云："入室只陈樱和笋，纵说食谱不谈经。"可见学富五车的他，将饮食研究摆在第一位。他对清人袁枚的《随园食单》极欣赏，想继踵前贤，继续探讨南京美食，是以《白门食谱》起首便道："广

《随园食单》之义，取金陵城市乡村，凡人家商铺与僧寮酒肆食品出产之佳者，烹饪之善者，皆采而录之。"

书中提及南京的名店，谓"新桥之松子熟肚，向柳园炒鱼片，老宝兴烧鸭与鸭腰，韩益兴爆牛肉与爆羊肉，得月台羊肉，南门内桥上饭馆之素汤罐儿肉，大辉复巷伍厨鸡酥和鱼肚，三坊巷何厨蜜制火腿，七家湾西小巷内王厨盐水鸭，南门外马祥兴美人肝和凤尾虾等"。其中的"盐水鸭"，味"清而旨"，一向为南京名馔；而逾百年老店"马祥兴"，迄今依旧在，我曾于前些日子造访并品尝其佳味。

"马祥兴"旧称"马回回酒家"，店东姓马，为回族人。清道光年间，他从北方逃荒到南京城外花神庙，设摊卖牛肉熟食。花神庙为入中华门必经之道，乡民至此，常系驴马于树下，小饮两杯入城，生意因而大旺。老板赚足银两，迁往雨花台附近开个馆子，取名"马祥兴饭铺"，兼售酒菜，擅烧牛肉、牛杂，有"牛八样"之名，吸引众多饕客。

一九一九年，饭铺乔迁至米行大街，易名为"马祥兴菜馆"，名气愈来愈大。其招牌的"美人肝""松鼠鱼""蛋烧卖""凤尾虾"，号称"四大名菜"。抗战胜利后，国民政府由重庆迁回南京，该店进入黄金时期。其"美人肝"尤知名，嗜之者大有人在。由于食材取得不易，想要识其滋味，必须提早预订。

《白门食谱》谓："其所谓'美人肝'者，即取鸭腹内之胰白做成，因洗濯极净，烹调合宜，其质嫩而美，无可比拟。"之所以会用鸭胰子烧菜，相传是一九二〇年之前某日，一位医师在马祥兴菜馆预订了一桌酒席。厨师在配菜时少了一道，烧毕才发现，想加已无食材，赫见泡在水中、色泽粉红的鸭胰子（注：店家每天要卖好几百只肥鸭），乃取些和鸡脯肉用鸭油爆炒，结果大受顾客赞扬。当顾客问起菜名为何，跑堂见其色泽乳白，光润鲜嫩细致，脱口说出这叫"美人肝"。

此菜名好味美，马上声播远近，成为"四大名菜"之首。店家见状，挖空心思，推出添加冬笋丝、香菇丝、鸡高汤、料酒、精盐爆炒，最后淋上熟鸭油的改良新款，大受欢迎。

台湾"奇庖"张北和，生前亦制作别出心裁的"美人肝"，用的是肥鹅胰脏，取此与姜丝等，以鹅油武火爆炒制成，"琼瑶香脆"，馨香腴糯，是不可多得的佐酒隽品。我和张氏交好，曾尝过五六回，其滋味之佳美，一直萦系于怀，然已今生绝缘矣。

书内亦谈到不少小吃，如"正春园"之汤包，马巷之熟藕，大中桥下素菜馆汤包，东牌楼元宵店之"软糕"和"黑芝咏心汤圆"，"稻香村"之"蝙蝠鱼"和"麻酥糖"，利涉桥"迎水台"酥油饼，殷高巷"三泉楼"酥烧饼等。并更进一步指出："三泉楼之烧饼，酥而可口，无一饼家可及，人客远道来此，即为食饼，其味之美，不可言喻。尚有'草鞋底''蟹壳黄''朝笏板'，亦佳。'草鞋底'等，皆像饼之形而名，味香且酥。若以'清和园'干丝下之，可谓双绝。"

至于金陵传统食藕之法，《白门食谱》云："马巷中段之熟藕……未煮时，先取肥而嫩者，洗净其泥滓，然后以糯米填入孔内，放稀糖粥中煮熟，食时又略加桂花糖汁，香气腾腾，藕烂而粥黏，亦养人之佳品。下午各处击小木铎，而高呼卖糖藕粥者，回不及焉。"此藕名"糖粥桂花藕"，小贩们出售时，肩挑小担沿街叫卖，但如马段中巷如此佳者，则少之又少耳。

我个人最爱读的是那些有代表性的民国官府私房菜，里面记许多绝妙滋味，有其实用价值和指导意义。如三铺两桥陶府"酥鱼"，安将军巷李府"糯米冬笋肉圆"，黑廊侯府"玉板汤"，三坊巷邓府"烧大鲫鱼"，颜料坊蒋厨"假蟹粉"，石坝街石府"鱼翅螃蟹面"及车儿巷苏府"粉粘肉"等，皆是。郑府的"烧大鲫鱼"，选用越大越嫩的"六合龙池"好鱼，其法为："购得大活鲫鱼，将腹内肠腑等去净，腹内有黑色似皮者，与鳃亦去净，用清水一再洗之，勿使存一点不洁，鳞亦去净，然后将子（即卵）置腹内。以猪油先煎，再入好酒，与上等酱油煮之，火候一到，盛盘。其味之美，任何菜不及也。"

家母烧鱼本事一流，尤其是红烧的，无与伦比，有口皆碑。家母之法，鱼内必加去皮蒜瓣，以及些许葱段，偶有剩余，置冰箱内。再吃时，将结冻的卤汁搁白面或白饭上，馨逸隽鲜，超乎凡品。家母烧的鱼，始终是我心中的首选。

末了，他亦谈到南京的特产，有玄武湖鲫鱼、茭白，东城外百合，南乡猪、米，板桥萝卜，莫愁湖莲藕，巴斗山刀鱼，清凉山韭黄、刺栗，北城生姜，西城外白芹，石城老北瓜，南湖菱角，江心洲芦笋、嫩蒌，城外围地之瓢儿菜，"三牌楼"竹园春笋和"王府园"苋菜等。末者尤特别，张老称用它和虾米炒熟食，风味绝佳，他家难及，甚至有人因思此尤物而归乡，其滋味绝妙，诚无以复加。

张通之另著《趋庭纪闻》一书，谈及其先父的老师龚谦夫，曾索食"王府园"苋菜三次，东翁仅提供一次。龚老不悦，辞馆而去。真乃画龙点睛，神来一笔。于此足见"王府园"的苋菜，名重一时，索尝不易。然而，该园现已建巨宅，名园、苋菜皆不复见了。

第三位则是精通饮馔的"二少"张学铭。

大帅张作霖，一共生八子六女，长子张学良早已指定接班，人称"少帅"。张作霖除长子外，对其他的儿女要求不高，任由他们自由发展。排行第二的张学铭，众人以"二少"称之。他热爱美食、京戏，也喜欢踢球，性不乐做官，专门督导大帅府的饮馔。

大帅府三日一小宴，五日一大宴，管理膳食不容易，尤其是设计筵席，须适合贵宾口味。挺特别的是，常一桌之内，有关外人、华北人，亦有江南及岭南人士，难调和众口。不过，张学铭有此天分，能巧为安排，除帅府内厨师外，亦商请名店大厨到府客串，专烧某一道菜，为筵席添滋味，为宾客增口福，众人食罢赞誉有加。

有人形容他为"美食字典"，因他不但清楚京、津各地饭馆的拿手菜，甚至知道某大师傅擅制哪一道菜！至于大帅府内各有所长的十三名厨师，张学铭更是无不了如指掌，指挥若定，是以每每能竟全功。

唯囿于先天环境，他较常接触北方菜，其次为江南菜及川菜，对粤菜所知有限。不料却因机缘巧合，娶了粤籍夫人，从此对粤菜接触日深，另辟一片天地。

夫人姚女士原为东北医院院长的千金，聪明伶俐，品貌出众，曾应邀至大帅府，为张作霖、五太太（张学铭之母）所喜，遂提亲事。成亲之日，帅府张灯结彩，门前车水马龙，婚宴接连办了三天，席开三百多桌，而且绝不收礼。长兄学良亲到厨房吩咐：

"菜第一要丰盛,第二要注意卫生。"婚后,学铭自夫人处习得地道的广东"白切鸡"等佳肴,并为"白切鸡"取了个带诗意的名字——"太白切鸡"。

沈阳的大帅府里厨师阵容强大,既有东北的师傅,亦有江南名厨,其常做的美味,达四百余种,山珍海错悉备。但自幼长于斯的张学良却独钟红烧肉,每饭少此不欢,赵四小姐亦然。

有次少帅赴中国银行的宴会,望见香气四溢、颜色酱红的红烧肉,立刻馋涎欲滴,入口立觉甜软,远非家厨可及,诚为人间至味。后来烧制这味红烧肉的广东籍的张师傅,有缘来到大帅府,每天只做红烧肉,令少帅和赵四小姐大快朵颐。二少近水楼台,自然也尝了不少好肉。

又,大帅府的厨师长赵连璧,原在奉天的"得意楼"服务,燕窝、鱼翅都烧得到位,张作霖食而甘之,乃重金延聘其至帅府当差,稍后他又升任厨师长,授少校军衔。另,奉天"明湖春"的名厨王庆棠,不时受邀来帅府客串掌勺。他出道甚早,手艺极高明,是位老师傅。赵于共同办宴中,学到不少好菜,如"东坡鲫鱼"等,张学铭经常出入厨房,必然乐在其中。

有一年中秋节,大帅府全员到齐,一起吃团圆饭。张学铭拟妥菜单,随众人入席。当天甚热闹,据曾任帅府厨师的朴丰田回忆,赵连璧吩咐这些各司其职的厨师,五桌"先上四个冷荤,让他们先喝酒,熟菜等会再上"。其冷荤为"虾片并生菜""火腿并松花""鲍鱼并芦笋""酱鸭并酥鱼",待丫鬟、老妈子们欣然入席后,佣人打开各种酒类,大帅和夫人们举杯畅饮,另四桌也开始吃起来。

食家风范

"正在吃喝着，厨房又上来四个熟菜：'三丝烧鱼翅''葱烧海参''八宝山鸡''炸虾段'……接着端上的有'清蒸加吉（嘉腊）鱼''冰糖莲子''虎皮鸽蛋''青椒鸡段''鸡片烧二冬'，最后上的是'清汤全家福'和'小白菜川丸子'。大帅张作霖最爱吃'小白菜川丸子'（注：这是帅府霍万里厨师专门做的农村菜），不过他并没有急着去伸筷，而是指着'清汤全家福'，对夫人们再三说：'吃、吃啊！'各位夫人点头致谢，他们又互相谦让一番，才动了筷。"（《大帅府秘闻》）虽是一席家常便宴，看得出举家和睦，其乐融融。

而所谓的"清汤"，是用老母鸡炖汤，炖足一夜，取其原汁，撇去浮油。此汤可饮用，亦可作为上汤配菜（如"全家福"），各种鱼、肉、蔬菜，加上原汁鸡汤调味，其食味更鲜。这是北方馆的名汤，其相对者为奶汤。

一九二四年，在第二次直奉战争中，东北军战胜。返回奉天后，张作霖特别高兴，于农历九月初九日，在大帅府举办盛宴，这天是重阳节，登高的吉日，张作霖选在此日开庆功宴，就是认为其将步步高升，官运更加亨通。当此日也，天公作美，天清气爽，日丽风和。

受邀的皆是高级将领，一共开了三桌。大帅吩咐下来，"菜一律要精选高级菜品，多花钱不要紧"。于是赵连璧和朴丰田等，个个铆足了劲，下了不少功夫。学铭当时所制定的菜单，为四干果：炸杏仁、炸榛子仁、炸核桃仁、炸瓜子仁；四鲜果：石榴、香蕉、红苹果、鲜白桃；四冷荤："清蒸鹿尾""生菜龙虾""鲍鱼龙须""火腿松花"；四种酒："青梅"（产于张家口）、"冰糖"、"菊并"、"瓜健",以及其他各种名酒。还有十个大菜,外加一个"三鲜一品锅"。

席设大青楼楼下的老虎厅里,客前皆放菜单,并按菜单上的顺序上菜。餐具一律银制,箸用象牙制的。此外,每人前面另有四只小银碟,上置干果。

客人坐定后,张作霖请大家举起酒杯,笑逐颜开地说:"今天的这宴席,特为各位劳苦功高的将士们准备的,陪客一定要陪好,祝大家多吃多喝。""谢大帅"一喊毕,军官们推杯换盏,开始吃喝了起来。

接下来上十大名菜,果然精锐尽出,分别是"一品珍珠燕菜""胜利芸片银耳""芙蓉河鱼翅""蝴蝶西凡参""白雪炸银鱼""一品冰糖莲子""金银嫩子肥鸡""玉带金翅鲤鱼""火腿蟹黄烧鱼肚""京烤脆皮填鸭",最后则为"三鲜一品锅"。宴会上,菜香与酒香合一,在杯觥交错下,座中个个红光满面,甚至头沁汗珠。等到酒足饭饱,则用"三鲜锁边炸盒"终席。

对于此次宴会,官员个个满意,无不尽兴而归。

庆功宴固然精彩绝伦,但比起当年十一月,张作霖宴请孙中山的那一顿来,豪迈固然有余,精细稍有不足。在张学铭精心擘画下,由大帅府厨师长赵连璧、北京宫廷大厨王老相和张勋家厨、誉满京华的周师傅联手,加上大帅府厨师群助阵,以海味为主轴,设计出一席美馔,其菜肴之精美,可谓空前绝后。

酒席中的冷碟,有"清蒸鹿尾""生菜龙虾""芦笋并鲍鱼""火腿并松花",大菜则有"一品燕菜""冬笋鸡块""清汤银耳""白扒鱼翅""虾籽海参""清蒸鲥鱼""清煨萝卜干贝珠""鸽蛋烧芥蓝""腐竹烧鸭腰"与"蟹黄车轮渡豆腐"等。由于质美味鲜，孙文食罢大乐，亲向大厨致谢，传为食林佳话。

西安事变之后，张学良被软禁，学铭未入仕途，得以置身事外，在天津的租界过其寓公生活。居所称"张公馆"，虽无帅府排场，却也相当有气派。部分帅府厨师，追随至张公馆，伺候这位二少。馆中也会增添新血，学铭食事亦因之更为精进。

等到抗战胜利，有丁洪俊者，江南人，在天津学厨，无论南北佳肴，都做得颇出色。大行家张学铭，颇欣赏其人其艺，请他主厨政。丁亦从张学铭处习得许多窍门，大赞东家对各菜均有深入研究，博采众家之长，加入一己心得。张偶尔亦技痒，亲自入厨做菜，款待亲朋好友。

丁洪俊提起张公馆食制的特色，在重质不重量，午晚膳之菜，必少而精致，才合张学铭的脾性。凡尝过的人，无一不叫好。就烧鱼来说，先将一尾熬汤，弃鱼身只留汤，接着烹调另一尾鱼。以鱼汤当调味品，故烧好的鱼，滋味特别好。而东主对饮食要求极高，首重新鲜，鱼必吃活鱼，蔬菜讲究现摘，且每餐一定有汤佐膳。

新中国成立后，张学铭当选全国政协委员及天津市政协常委，仍居住在天津市。其每与友人相聚，仍津津乐道大帅府当时食制。

二十世纪八〇年代初，沈阳市推出"大帅府筵席"招徕食客，人们在参观完大帅府后，常以品此为快。张受邀担任筵席设计人，能随手写出帅府宴席多款，且有四季之分，配合时令所宜，令人叹为观止。

总而言之，民国这三大食家，品味万般仅是其一端。杨度录下心得，留下珍贵史料，嘉惠后学甚巨；张通之专注地方，详其特色，足供取法；张学铭则善于运用，安排上好筵席，值得吾人喝彩。兹将三家合为一篇，目的在取不同面向，合而能成全方位，俾成可长可久之道。